高等院校艺术设计专业精品系列教材

Landscape Design

园林景观
设计

王红英　孙欣欣　丁　晗　**主编**

总主编

邓诗元

中国轻工业出版社

图书在版编目（CIP）数据

园林景观设计 / 王红英，孙欣欣，丁晗主编. —北
京：中国轻工业出版社，2025.1
全国高等教育艺术设计专业规划教材
ISBN 978-7-5184-1646-2

Ⅰ.①园… Ⅱ.①王…②孙…③丁… Ⅲ.①园林设
计—景观设计—高等学校—教材 Ⅳ.①TU986.2

中国版本图书馆CIP数据核字（2017）第242437号

责任编辑：王　淳

策划编辑：王　淳　　责任终审：孟寿萱　　封面设计：锋尚设计
版式设计：锋尚设计　　责任校对：晋　洁　责任监印：张京华

出版发行：中国轻工业出版社（北京鲁谷东街5号，邮编：100040）

印　　刷：艺堂印刷（天津）有限公司

经　　销：各地新华书店

版　　次：2025年1月第1版第4次印刷

开　　本：889×1194　1/16　印张：8

字　　数：300千字

书　　号：ISBN 978-7-5184-1646-2　定价：48.00元

邮购电话：010-85119873

发行电话：010-85119832　010-85119912

网　　址：http://www.chlip.com.cn

Email：club@chlip.com.cn

前言
PREFACE

随着人民生活水平的提高，对于自然生态环境的保护，城市文化品质的提升、旅游观光业的发展，创建国家级绿化城市的要求，全国城乡各地的园林景观设计施工项目日益增多。我国的城市建设发展和社会主义新农村建设在近年来不断取得新的成就，在经历了城市改造工程中的城市广场、景观大道、小区绿化、公园、公路绿化以后，人们对城乡环境视觉景观设计日益重视。当前环境设计、园林景观设计同样也是社会的热门专业，该专业课程的受众群体多，使用范围广。

本书的编写针对环境设计、园林景观设计和建筑学专业学生，同时兼顾相关行业设计师学习、培训和参考使用。本书讲述了园林景观设计的基本概念、历史、构成要素等内容，并配置了大量图片辅助说明，图文并茂，立足于基础供读者学习。深入分析园林景观设计原理和类型，列

出了详细的设计步骤与方法，提升读者对本书的理解程度，提高了本书的适用性。因此，本书可以作为工具书查阅参考，实用性强。此外，本书附带 PPT教案，适合现代教学同时也可供读者参考学习。

　　本书分为六章，分别介绍了园林景观设计的相关知识，包括商业空间设计概述、中外发展历史、构成要素、设计原理、设计类型与表现形式等。由于园林景观设计是一门综合性学科，涵盖艺术学、美学、心理学、建筑学、视觉传达设计、人体工程学等多个学科和领域，加上编者水平有限，书中难免有欠妥之处，敬请广大读者批评指正。

　　本书在汤留泉老师指导下编写完成，编写过程中以下师生提供了各类资料、图片：向芷君、王欣、袁倩、刘涛、姚丹丽、刘星、万阳、张慧娟、彭尚刚、戴陈成、余飞、张颢、王光宝、朱妃娟、黄溜、张达、童蒙、董道正、胡江涵、雷叶舟、李昊燊、李星雨，在此向他们表示感谢。

编者

目 录
CONTENTS

1

第一章

园林景观
设计概论

学习难度：★★★☆☆
核心概念：景观艺术、生态环境、景观特征

PPT课件，请在计算机里阅读

◣ **章节导读**

现代园林景观设计不再是传统造园置石的概念了，它担负起维护和重构人类生存景观的使命，为所有居住于城、镇、村的居民设计合宜的生存空间，构筑理想的居所。"现代景观设计之父"奥姆斯特德在哈佛大学的讲坛上说："景观技术是一种美术，其重要的功能是为人类的生活环境创造美观，同时还必须给城市居民以舒适、便利和健康。在终日忙碌的城市居民的生活中缺乏大自然提供的美丽景观和心情舒畅的声音，弥补这一缺欠是景观技术的使命。"在我国，园林景观设计是一门年轻的学科，但它有着广阔的发展前景。随着全国各地城镇建设速度的加快、人们环境意识的加强和对生活品质要求的提高，这一学科也越来越受到重视，其对社会进步所产生的影响也越来越广泛。

第一节　园林景观设计概念

景观（Landscape）一词原指"风景"、"景致"，最早出现于公元前的《旧约圣经》中，用以描述所罗门皇城耶路撒冷壮丽的景色（图1-1、图1-2）。17世纪，随着欧洲自然风景绘画的繁荣，景观成为专门的绘画术语，专指陆地风景画。

在现代，景观的概念更加宽泛，加入了园林的广义范畴。地理学家把它看成一个科学名词，定义为一种地表景象；生态学家把它定义为生态系统或生态系统的系统；旅游学家把它作为一种资源来研究；艺术家把它看成表现与再现的对象；建筑师把它看成建筑物的配景或背景；园林景观开发商则把它看成是城市的街景立面、园林中的绿化、小品和喷泉叠水等（图1-3、图1-4）。因而一个更广泛而全面的定义是，园林景观是人类环境中一切视觉事物的总称，它可以是自然的，也可以是人为的。

英国规划师戈登·卡伦在《城市景观》一书中认

图1-1　耶路撒冷城市鸟瞰景观

图1-2　耶路撒冷园林景观

图1-3 公园绿化造景

图1-4 住宅小区绿化景观

为：园林景观是一门"相互关系的艺术"。也就是说，视觉事物之间的构成的空间关系是一种园林景观艺术。比如一座建筑是建筑，两座建筑则是景观，它们之间的"相互关系"则是一种和谐、秩序之美。

园林景观作为人类视觉审美对象的定义，一直延续到现在，但定义背后的内涵和人们的审美态度则有了一些变化。从最早的"城市景色、风景"到"对理想居住环境的图绘"，再到"注重内在人的生活体验"。现在，我们把园林景观作为生态系统来研究，研究人与人、人与自然之间的关系。因此，园林景观既是自然景观，也是文化景观和生态景观（图1-5、图1-6）。

从设计的角度来谈景观，则带有更多的人为因素，这有别于自然生成的景观。园林景观设计是对特定环境进行的有意识的改造行为，从而创造具有一定社会文化内涵和审美价值的景物。

园林景观设计对景观设计提出了更高的艺术要求，它以艺术设计学的设计方法为基础对景观设计进行研究，艺术的形式美及设计的表现语言一直贯穿于整个景观设计的过程中。园林景观设计属于环境设计的范畴，是以塑造建筑外部空间的视觉形象为主要内容的艺术设计。它的设计对象涉及自然生态环境、人工建筑环境、人文社会环境等各个领域，它是依据自然、生态、社会、行为等科学的原则从事规划与设计，按照一定的公众参与程序来创作，融合于特定公众环境的艺术作品，并以此来提升、陶冶和丰富公众审美经验的艺术。园林景观设计是一个充分控制人的生活环境品质的设计过程，也是一种改善人们使用与体验户外空间的艺术（图1-7～图1-11）。

园林景观设计是一门综合性和边缘性很强的学科，其内容不但涉及艺术、建筑、园林和城市规划学，而且与地理学、生态学、美学、环境心理学、文

图1-5 人造文化景观

图1-6 自然生态景观

（a）

（b）

图1-7　滨水景观带

图1-8　公园景观

图1-9　广场景观

图1-10　街头绿化

图1-11　街道绿化

图1-12　景观中的柏油路

图1-13　商业中心旁的景观绿化

化学等多种学科相关。它吸收了这些学科的研究方法和成果，例如，设计概念以城市规划专业总揽全局的思维方法为主导；设计系统以艺术与建筑专业的构成要素为主体；环境系统以园林景观专业所涵盖的内容为基础。园林景观设计是一门集艺术、科学、工程技术于一体的应用学科，因此，它需要设计者具备与此相关的诸多学科的广博知识。

　　园林景观设计的形成和发展，是时代赋予的使命。城市的形成是人类改变自然景观、重新利用土地的结果。但是这一过程中，人类不尊重自然，肆意破坏地表、气流、水文、森林和植被。特别是工业革命以后，建成大量的道路、住宅、工厂和商业中心，使得许多城市变为由柏油、砖瓦、玻璃和钢筋水泥组成的大漠，这些努力建立起来的城市已经离自然景观相去甚远（图1-12、图1-13）。但随之人类也遭到了报复，因远离大自然而产生的心理压迫和精神桎梏、人满为患、城市热岛效应、空气污染、光污染、噪声污染、水环境污染等，这些都使人类的生存品质不断降低。

- 补充要点 -

现代园林景观审美的新内涵

　　1. 审美价值多元化。形式和功能的审美价值观作为景观审美主流贯穿了整个20世纪，但在不同的历史发展阶段，尤其是20世纪下半期，还充斥着很多其他的价值观，从而构成了上一世纪审美价值观的多元化。

　　2. 审美情趣个性化。在当代，追求个性表达具有广泛的哲学文化基础。西方哲学中非理性思潮的泛滥，使"尊重个性、肯定个人价值"的呼声日益高涨，这种思潮在景观设计领域的反映，就是表现自我，弘扬个性。

第二节 园林景观设计特征

一、多元化

园林景观设计构成元素和涉及问题的综合性繁多，使它具有多元化特点，这种多元性体现在与设计相关的自然因素、社会因素的复杂性以及设计目的、设计方法、实施技术等方面的多样性上（图1-14、图1-15）。

与园林景观设计有关的自然因素包括地形、水体、动植物、气候、光照等自然资源，分析并了解它们彼此之间的关系，对设计的实施非常关键。例如，不同的地形会影响景观的整体格局，不同的气候条件则会影响景观内栽植的植物种类。

社会因素也是造成园林景观设计多元化的重要原因。园林景观是一门艺术，但与纯艺术不同的是，它面临着更为复杂的社会问题和使用问题的挑战，因为现代园林景观设计的服务对象是群体大众。现代信息社会的多元化交流以及社会科学的发展，使人们对景观的使用目的、空间开放程度和文化内涵的需求有着很大的不同，这些会在很大程度上影响景观的设计形式。为了满足不同年龄、不同受教育程度和不同职业的人对景观环境的感受力，园林景观设计必然会呈现多元化的特点。

二、生态性

生态性是园林景观设计的第二个特征。无论在怎样的环境中建造，园林景观都与自然发生着密切的联系，这就必然涉及景观与人类、自然的关系问题。在环境问题日益突出的今天，生态性已引起景观设计师的重视，融入水景是必然要素（图1-16、图1-17）。

美国宾夕法尼亚大学的景观建筑学教授麦克哈格就提出了"将园林景观作为一个包括地质、地形、水文、土地利用、植物、野生动物和气候等决定性要素相互联系的整体来看待"的观点。把生态理念引入园

图1-14 景观道路多元化表现

图1-15 景观休闲区多元性表现

图1-16 公共景观艺术融入水景

林景观设计中，就意味着设计要尊重物种多样性，减少对资源的掠夺，保持营养和水循环，维持植物环境和动物栖息地的质量；尽可能地使用再生原料制成的材料，尽可能地将场地上的材料循环使用，最大限度地发挥材料的潜力，减少因生产、加工、运输材料而消耗的能源，减少施工中的废弃物；要尊重地域文化，并且保留当地的文化特点。

　　例如，生态原则的重要体现就是高效率地用水，减少水资源消耗。因此，园林景观设计项目就需考虑通过利用雨水来解决大部分的景观用水，甚至能够达到完全自给自足，从而实现对城市洁净水资源的零消耗。园林景观设计对生态的追求与对功能和形式的追求同样重要，有时甚至超越了后两者，占据了首要位置。园林景观设计是人类生态系统的设计，是一种基于自然系统自我有机更新能力的再生设计。

图1-17　住宅景观艺术融入水景

三、时代性

　　园林景观设计富有鲜明的时代特征，从过去注重视觉美感的中西方古典园林景观，到当今生态学思想的引入，园林景观设计的思想和方法发生了很大变化，也大大影响甚至改变了景观的形象。现代园林景观设计不再仅仅停留于"堆山置石"、"筑池理水"，而是上升到提高人们生存环境质量，促进人居环境可持续发展的层面上（图1-18、图1-19）。

　　在古代，园林景观的设计多停留在花园设计的狭小天地，而今天，园林景观设计介入到更为广泛的环境设计领域，它的范围包括：新城镇的景观总体规划、滨水景观带、公园、广场、居住区、校园、街道及街头绿地，甚至花坛的设计等，几乎涵盖了所有的室外环境空间（图1-20）。如今园林景观设计的服务对象也有了很大不同。古代园林景观是让皇亲国戚、官宦富绅等少数统治阶层享用，而今天的园林景观设计则是面向大众、面向普通百姓，充分体现出一种人性化关怀。

　　随着现代科技的发展与进步，越来越多的先进施工技术被应用到景观中，人类突破了沙、石、水、木等天然、传统施工材料的限制，开始大量地使用塑料

图1-18　现代景观中"堆山置石"的应用

图1-19　现代景观中"筑池理水"的应用

（a）

（b）

图1-20　园林景观时代性表现

制品、光导纤维、合成金属等新型材料来制作景观作品。例如，塑料制品现在已被普遍地应用于公共雕塑、景观设计等方面，而各种聚合物则使轻质的、大跨度的室外遮蔽设计更加易于实现。施工材料和施工工艺的进步，大大增强了景观的艺术表现力，使现代园林景观更富生机与活力。园林景观设计是一个时代的写照，是当代社会、经济、文化的综合反映，这使得园林景观设计带有明显的时代烙印。

－ 补充要点 －

园林景观的类型

1. 规则式园林。整形式、图案式、几何式西方园林都属于规则式园林。以文艺复兴时期意大利台地园和法国平面图案式园林为代表。我国有祭坛如北京天坛，陵墓如南京中山陵等，规整式、几何式的园林景观气势宏大、庄严肃穆，令人肃然起敬。

2. 自然式园林。自然式园林有风景式、不规则式、山水派园林几种。它们的形成以中国园林为主，无论是大型皇家苑囿还是私家小型园林都是自然式的。从唐代开始影响日本，18世纪后半叶传入英国。

3. 混合式园林。规则式和自然式组合，使用比例差不多的园林，可称为混合式园林。绝对的规则式和绝对的自然式园林在现代生活中很难见到。

课后练习

1. 如何理解园林景观设计？

2. 园林景观设计有哪些特点？

3. 请收集几张日常生活中的园林景观设计照片，并进行交流讨论。

2

第二章

园林景观发展

学习难度：★★☆☆☆

核心概念：朝代时期、枯山水、公园

◀ 章节导读

追溯中国园林景观设计的渊源，可以发现它的历史非常悠久。今天的园林景观设计，其实际含义类同于我国古代的园林设计。我国大约从公元前11世纪奴隶社会的末期到19世纪末叶封建社会的解体，在这3000余年漫长、不间断的发展过程中形成了世界独树一帜的风景式园林体系。这个体系在中国的农耕经济、集权政治、封建文化的培育中成长，在漫长的历史进程中呈现出自我完善、持续不断的演进过程。西方园林景观的艺术魅力主要集中于近现代融入理性的设计元素，将自然美与形式美结合在一起，创造出无穷的变化。

第一节　中国园林景观

一、汉代以前生成期

这一时期包括商、周、秦、汉，是园林产生和成长的幼年期。

在奴隶社会后期的商末周初，产生了中国园林的雏形，它是一种苑与台相结合的形式。苑是指圈定的一个自然区域，在里面放养众多野兽和鸟类。苑主要作为狩猎、采樵、游憩之用，有明显的人工猎物的性质。台是指园林里面的建筑物，是一种人工建造的高台，供观察天文气象和游憩眺望之用。公元前11世纪周文王筑灵台、灵沼、灵囿，这可以说是最早的皇家园林。

秦始皇灭诸侯统一全国后，在都城咸阳修建上林苑，苑中建有许多宫殿，最主要的一组宫殿建筑群是阿房宫。苑内森林覆盖，树木繁茂，成为当时最大的一座皇家园林。

在汉代，皇家园林是造园活动的主流形式，它继承了秦代皇家园林的传统，既保持其基本特点而又有所发展、充实。这一时期，帝苑的观赏内容明显增多，苑已成为具有居住、娱乐、休息等多种用途的综合性园林。汉武帝时扩建了上林苑，苑内修建了大量的宫、观、楼、台供游赏居住，并种植各种奇花异草，畜养各种珍禽异兽供帝王狩猎。汉武帝信方士之说，追求长生不老，在最大的宫殿建章宫内开凿太液池，池中堆筑"方丈"、"蓬莱"、"瀛洲"三岛来模仿东海神山，运用了模拟自然山水的造园方法和池中置岛的布局形式。从此以后，"一池三山"成为历来皇家园林的主要模式，一直沿袭到清代。汉武帝以后，贵族、官僚、地主、商人广置田产，拥有大量奴隶，过着奢侈的生活，并出现了私家造园活动。这些私家园林规模宏大，楼台壮丽。在西汉就出现了以大自然景观为师法的对象、人工山水和花草房屋相结合的造园风格，这些已具备中国风景式园林的特点，但尚处于比较原始、粗放的形态。在一些传世和出土的汉代画像砖、画像石和明器上面，我们能看到汉代园林形象的再现，现代旅游景点也纷纷效仿汉代园林景观建筑（图2-1、图2-2）。

图2-1　仿制汉代园林建筑

图2-2　仿制汉代景观建筑

二、魏晋南北朝转折期

魏晋南北朝是我国中国古典园林发展史上的转折期。造园活动普及于民间，园林的经营完全转向于以满足人们物质和精神享受为主，并升华到艺术创作的新境界。魏晋之际，社会动荡不安，士族阶层深感生死无常、贵贱聚变，并受当时佛、道出世思想的影响，大都崇尚玄谈，寄情山水、讴歌自然景物和田园风光的诗文涌现于文坛，山水画也开始萌芽，这些都促使知识分子阶层对大自然的再认识，从审美角度去亲近它。人们对自然美的鉴赏，取代了过去对自然所持的神秘、敬畏的态度，从而成为后来中国古典园林美学思想的核心。当时的官僚士大夫虽身居庙堂，但热衷于游山玩水。为了达到避免跋涉之苦、又能长期拥有大自然山水风景的愿望，他们纷纷造园。文人、地主、商人竞相效仿，于是私家园林便应运而生。

私家园林特别是依照大城市邸宅而建的宅园，由于地段条件、经济力量和封建礼法的限制，规模不可能太大。那么在有限的面积里全面体现大自然山水景观，就必须求助于"小中见大"的规划设计。人工山水园的筑山理水不能再像汉代私园那样大规模地运用单纯写实模拟的手法，而应对大自然山水景观适当地加以提炼概括，由此开启了造园艺术写意创作方法的萌芽（图2-3）。

例如，在私家园林中，叠石为山的手法较为普遍，并开始出现单块美石的欣赏；园林理水的技巧比较成熟，水体丰富多样，并在园内占有重要位置；园林植物种类繁多，并能够与山水配合成为分割园林空间的手段；园林建筑力求与自然环境相协调，一些"借景"、"框景"等艺术处理手法频繁使用。总之，园林的规划设计向着精致细密的方向上发展了，造园成为一门真正的艺术。

皇家园林受当时民间造园思潮的影响，由典型的再现自然山水的风雅意境取代了单纯地模仿自然界，因而苑囿风格有了明显改变。汉代以前盛行的畋猎苑囿，开始被大量地开池筑山、以表现自然美为目标的园林所代替。这一时期，由于佛教盛行，一种新的园林类型——寺庙园林出现了，它一开始便向着世俗化的方向发展。文人名流经常聚会的一些近郊风游览地也开始见于文献记载，如新亭、兰亭等。兰亭在今浙江绍兴西南近郊的兰渚，建于晋代永和九年（公元353年），王羲之邀友在此聚会并写了《兰亭序》，之

图2-3　仿制魏晋私家园林

图2-4 兰亭

图2-5 仿制唐代园林建筑

后使其声名大噪（图2-4）。

三、唐宋全盛期

唐宋时期的园林在魏晋南北朝所奠定的风景式园林艺术的基础上，随着封建经济、政治和文化的进一步发展而臻于全盛局面。

唐代的私家园林较之魏晋南北朝更为兴盛，普及面更广。当时首都长安城内的宅园几乎遍布各里坊，城南、城东近郊和远郊的"别业"、"山庄"亦不在少数，皇室贵戚的私园大多数都崇尚豪华。园林中少不了亭台楼阁、山池花木、盆景假山。这一时期，文人参与造园活动，促成了文人园林的兴起。这些文人造园家把儒、道、佛禅的哲理会于造园思想中，使其园林创作格调清新淡雅，意境幽远丰富，这些都促进写意的创作手法进一步深化，为宋代文人园林的兴盛奠定了基础。唐代的皇家园林规模宏大，这反映在园林的总体布局和局部的设计处理上。园林的建筑趋于规范化，大体上形成了大内御苑、行宫御苑和离宫御苑的类别，体现了一种"皇家气派"（图2-5、图2-6）。

在宋代，由于相对稳定的政治局面和农业手工业的发展，园林也在原有基础上渗入到地方城市和社会各阶层的生活中，上至帝王，下至庶民，无不大兴土木、广营园林。皇家园林、寺庙园林、城市公共园林大量修建，其数量之多、分布之广，是宋代以前见所未见的。其中，私家造园活动最为突出，文人园林大

为兴盛，文人雅士把自己的世界观和欣赏趣味在园林中集中表现，创造出一种简洁、雅致的造园风格，这种风格几乎涵盖了私家造园活动，同时还影响到皇家园林和寺庙园林。宋代苏州的沧浪亭（文人园），为现存最为悠久的一处园林（图2-7、图2-8）。

宋代的城市公共园林发展迅速，例如，西湖经南宋的继续开发，已成为当时的风景名胜游览地，建置在环湖一带的众多小园林中，既有私家园林又有皇家园林和寺庙园林，诸园各抱地势，借景湖山，人工与天然凝为一体（图2-9）。

唐代园林创作写实与写意相结合的手法，到南宋时大体已完成其向写意的转化。由于受禅宗哲理以及文人画写意画风的直接影响，园林呈现为"画化"的特征，景题、匾额的运用，又赋予园林以"诗化"的特征。它们不仅抽象地体现了园林的诗画情趣，同时也深化了园林的意境蕴涵，而这正是中国古典园林所

图2-6 仿制唐代园林景观

图2-7　沧浪亭立石景观

图2-8　沧浪亭

追求的境界。唐宋时期的园林艺术深深影响了一衣带水的邻国日本当时的造园风格，日本几乎是模仿中国的造园艺术。后来日本园林受佛教思想，特别是受禅宗的影响较深，园林的设计禅味甚浓，多闲情逸致（图2-10）。

四、明清成熟期

明清园林继承了唐宋的传统并经过长期安定局面下的持续发展，无论是造园艺术还是造园技术都达到了十分成熟的境地，代表了中国造园艺术的最高成就。

与历史相比，明清时期的园林受诗文绘画的影响更深。不少文人画家同时也是造园家，而造园匠师也多能诗善画，因此造园的手法以写意创作为主导，这种写意风景园林所表现出来的艺术境界也最能体现当时文人所追求的"诗情画意"。这个时期的造园技艺已经成熟，丰富的造园经验经过不断积累，由文人或文人出身的造园家总结为理论著作刊行于世，这是前所未有的，如明代文人计成所著的《园冶》。

明清私家园林以江南地区宅园的水平最高，数量也多，主要集中在现在的南京、苏州、扬州、杭州一带。江南是明清时期经济最发达的地区，经济的发达促成地区文化水平的不断提高，这里文人辈出，文风之盛居于全国之首。江南一带风景绚丽、河道纵横、湖泊星罗遍布，生产造园用的优质石料，民间的建筑技艺精湛，加之土地肥沃、气候温和湿润、树木花卉易于生长等，这些都为园林发展提供了极有利的物质条件和得天独厚的自然环境。

江南私家园林保存至今有为数甚多的优秀作品，如拙政园、寄畅园、留园、网师园等，这些优秀的园林作品如同人类艺术长河中耀耀生辉的珍珠（图

图2-9　西湖自然景色

图2-10　日本金阁寺

2-11~图2-14）。江南私家园林以其深厚的文化积淀、高雅的艺术格调和精湛的造园技巧在民间私家园林中占有首席地位，成为中国古典园林发展史上的一个高峰，代表着中国风景式园林艺术的最高水平。

清代皇家园林的建筑规模和艺术造诣都达到了历史上的高峰境地。乾隆皇帝六下江南，对当地私家园林的造园技艺倾慕不已，遂命画师临摹绘制，以作为皇家建园的参考，这在客观上使得皇家园林的造园技艺深受江南私家园林的影响。但皇家园林规模宏大，是绝对君权的集权政治的体现。清代皇家园林造园艺术的精华几乎都集中于大型园林，尤其是大型的离宫御苑，如堪称三大杰作的圆明园、颐和园（清漪园）、承德避暑山庄（图2-15～图2-18）。

随着封建社会的由盛而衰，园林艺术也从高峰跌落至低谷。清乾隆、嘉庆时期的园林作为中国古典园林的最后一个繁荣时期，它既承袭了过去全部的辉煌成就，也预示着末世衰落的到来。到咸丰、同治以后，外辱频繁、国事衰弱，再没有出现过大规模的造园活动，园林艺术也随着我国沦为半殖民地半封建社会而逐渐进入一个没落、混乱的时期。

图2-11　拙政园

图2-12　寄畅园

图2-14　网师园

图2-13　留园

图2-15　颐和园佛香阁远景

图2-16　颐和园昆明湖十七拱桥

图2-17　承德避暑山庄建筑

图2-18　承德避暑山庄湖面

— 补充要点 —

风景园林和寺庙园林

　　自然风景经文人的品题，往往称之为"景"，如金陵四十八景、扬州瘦西湖二十四景、杭州西湖十景、无锡愚公谷六十景、济南大明湖八景等。这些景观既有自然风光，又有人文胜迹，加上诗词绘画的渲染，极具游览价值。古代寺庙之中也有园林，而且许多寺庙的选址就在名山之中，自然景观十分优美，寺庙占尽天下名山，也构成了寺庙风景园林。

第二节　外国园林景观

一、日本缩景园

　　日本庭院受中国唐代"山池院"的影响，逐渐形成了日本特有的"山水庭"。山水庭十分精致小巧，它模仿大自然风景，缩影于庭院之中，像一幅自然山水画，以石灯、洗手钵为陈设品，同时还注意色彩层次和植物配置。

　　日本传统园林有筑山庭、平庭、茶庭三大类。

1. 筑山庭

　　筑山庭是人造山水园，是集山峦、平野、溪流、瀑布等自然风光精华的表现。它以山为主景，以重叠的山水形成近山、中山、远山、主山、客山，焦点为流自山间的瀑布。山前一般是水池或湖面，池中有岛，池右为"主人岛"，池左为"客人岛"，中间以小

图2-19 筑山庭远景

图2-20 筑山庭近景

桥相连。山以堆土为主，上面植盆景式乔木、灌木模拟山林，并布置山石象征石峰、石壁、山岩，形成自然景观的缩影（图2-19、图2-20）。

缩影园供眺望的部分称"眺望园"，供观赏游乐的部分称"逍遥园"。池水部分称"水庭"。日本筑山庭另有"枯山水"，又称"石庭"（图2-21）。其布置类似筑山庭，但没有真水，而是以卵石、沙子划成波浪，虚拟成水波，置石组模拟岛屿，表现出岛国的情趣。

2. 平庭

平庭一般布置在平坦的园地上，设置一些聚散不等、大小不一的石块，布置石灯笼、植物、溪流，象征原野和谷地，岩石象征真山，树木代替森林。平庭也有用枯山水做法、以沙做水面的（图2-22）。

3. 茶庭

茶庭只是一小块庭地，与庭园其他部分隔开，布置在筑山庭式平原之中，四周用竹篱或木栅栏围合，由小庭门入内，主体建筑是茶道仪式的茶屋。茶庭是以主体建筑——茶道仪式的茶屋而衍生出的小庭园，一般是进茶屋的必经之园。进入茶庭时先洗手后进茶屋。茶庭内必设洗手水钵、石灯笼，而一般极少用鲜艳的花木，庭院和石山通常只是配置青苔，似深山幽谷般的清凉世界，是以远离尘世的茶道气氛引起人们沉思墨香的庭园（图2-23、图2-24）。

二、意大利台地园

意大利文艺复兴时期，造园艺术成就很高，在世界园林史上占有重要位置。当时的贵族倾心于田园生活，往往迁居到郊外或海滨的山坡上，依山建庄园别墅，其布局采用几何图案的中轴对称形式。园林下层种花草、灌木作花坛；中上层为主体建筑，植物栽培

图2-21 枯山水

图2-22 平庭

图2-23　茶庭景观道路

图2-24　茶庭景观小品

与修剪注意与自然景观的过渡关系，靠近建筑部分逐渐减弱规则式风格。由内向外看，即从整体修剪的绿篱到不修剪的树丛，然后是大片园外的天然树木（图2-25、图2-26）。这种带有过渡层次的园林称为台地园。

台地园里的植物以常绿树木石楠、黄杨、珊瑚树为主，采取规划图案的绿篱造型，以绿色为基调，给人舒适、宁静的感觉。高大的树木既遮荫又常用作分隔园林空间的材料。很少用色彩鲜艳的花卉。意大利台地园在山坡上建园，视野开阔，有利于俯视观览与远眺借景，也有利于山上的山泉引水造景。水景通常是园内的一个主景，理水方式有瀑布、水池、喷泉、壁泉等，既继承了古罗马的传统，又有新的内容。由于意大利位于阿尔卑斯山南麓，山陵起伏、草木繁盛，盛产大理石，因此，在风景优美的台地园中常设有精美的雕塑，形成了意大利台地园的特殊艺术风格。

三、法国几何式宫苑

17、18世纪的法国宫苑，是受意大利文艺复兴影响，并结合本国的自然条件而创造出的具有法国独特风格的园林艺术。法国地势平坦，雨量适中，气候温和，多落叶、阔叶树林，因此，法国宫苑常以落叶密林为背景，广泛种植修剪整形的常绿植物。以黄杨、紫杉作图案树坛，丰富的花草作图案花坛，再利用平坦的大面积草坪和浓密的树林衬托华丽的花坛。

行道树以法国梧桐为主，建筑物附近有修剪成形的绿篱，如黄杨、珊瑚树等。

法国宫苑规划精致开朗，层次分明，疏密对比强烈；水景以规划河道、水池、喷泉以及大型喷泉群为主，在水面周围布置建筑物、雕塑和植物，增加景观的动感、倒影和变化效果，以此扩大园林空间感。路

图2-25　意大利台地园远景

图2-26　意大利台地园绿化近景

图2-27　法国几何式宫苑水景

图2-28　法国几何式宫苑绿化

易十四建造的凡尔赛宫是法国宫苑的杰出代表（图2-27、图2-28）。

四、英国风景园

15世纪以前，英国园林风格比较朴实，以大自然草原风光为主。16、17世纪，受意大利文艺复兴的影响，一度流行规整式园林风格。18世纪由于浪漫主义思潮在欧洲兴起，出现了追求自然美，反对规整的人为布局。中国自然式山水园林被威廉·康伯介绍进来后，英国一度出现了崇尚中国式园林的时期。直至产业革命后，牧区荒芜，在城郊提供了大面积造园的用地条件，方发展出英国自然式风景园。

英国风景园有自然的水池、略有起伏的大片草地，道路、湖岸、树木边缘线采用自然圆滑的曲线，树木以孤植、丛植为主，植物采用自然式种植，种类

繁多，色彩丰富，经常以花卉为主题，并且有小型建筑点缀其间。小路多不铺装，任人在草地上漫步运动，追求田园野趣。园林的界墙均作隐蔽处理，过渡手法自然，并且把园林建立在生物科学基础上，发展成主题类型园，如岩石园、高山植物园、水景园、沼泽园，或是以某种植物为主题的蔷薇园、鸢尾园、杜鹃园、百合园、芍药园等（图2-29、图2-30）。

五、美国国家公园

1832年美国西部怀俄明州北部落基山脉中开辟的"黄石国家公园"，是世界上第一个国家公园，这里面积有89万公顷，温泉广布，有数百个间歇泉，水温达85℃。美国现有国家公园40处，占地五六百万公顷。另外还有国家名胜、国家纪念建筑、国家古战场、军事公园、历史遗址、国家海岸、河

图2-29　英国风景园近景

图2-30　英国风景园草坪

图2-31　美国国家公园远景

图2-32　美国国家公园近景

道等二十多种形式的游览地达321处。大片的原始森林，肥美的广阔草原，珍贵的野生动植物，古老的石化与火山、热泉、瀑布，形成了美国国家公园系统（图2-31、图2-32）。

美国现代公园注重自然风景，室内外空间环境相互联系，采用自然曲线形水池和混凝土道路。园林建筑常用钢木材料，用散置林木、山石、雕塑、喷水池等装饰园林。美国国家公园内严禁狩猎、放牧、砍伐树木，大部分水源不得用于灌溉和建水电站，在公园内有便利的交通、宿营地和游客中心，为旅游和科学考察提供方便。

- 补充要点 -

中欧古典园林对比

1. 思想文化上的差异。中国古典园林受道家思想影响，"道法自然"是道家哲学的核心，它强调一种对自然界深刻的敬意，这奠定了中国园林"师法自然"的设计原则。而欧洲古典园林受欧洲美学思想的影响，这种美学思想是建立在"唯理"基础上的，人物美是通过数字比例来表现的，如强调整齐秩序、平衡对称等。

2. 艺术形态上的差异。正是思想文化上的差异，导致了中欧古典园林艺术形态上的差异。中国古典园林本于自然，又高于自然，把人工美和自然美巧妙结合，从而做到"虽由人作，宛自天开"，即强调自然美。欧洲古典园林整齐对称，具有明确的轴线引导，讲究几何图案的组织，即强调人工美。

课后练习

1. 简要说明中国古典园林在各个时期的特点。

2. 举出具有代表性的外国园林景观，并简要说明其特点。

3. 中欧古典园林的区别表现在哪几个方面？

4. 请收集中外代表性园林景观设计照片，并进行交流讨论。

3

第三章

园林景观
构成要素

学习难度：★★★★★

核心概念：铺装材料、种植形式、元素分布

❮ 章节导读

　　园林景观设计的核心要素是地面铺装设计、山石设计、植物设计、水景设计、景观小品设计，这五大要素贯穿现代园林景观设计的核心，是园林景观设计重点，学习这些设计要素应当将其联系起来，不能孤立设计，彼此之间穿插结合才能有所突破。

第一节　地面铺装设计

一、地面铺装类型

　　地面铺装是指用各种材料对地面进行铺砌装饰，它的范围包括园路、广场、活动场地、建筑地坪等。地面铺装在景观环境中具有重要的地位和作用。首先能避免地面在下雨天泥泞难行，并使地面在高频度、大负荷之下不易损坏；其次能为人们提供了一个良好的休息、活动场地，并创造出优美的地面景观；再次具有分隔空间和组织空间的作用，并将各个绿地空间连成一个整体，同时还有组织交通和引导游览的作用。地面铺装作为景观空间的一个界面，它和建筑、水体、绿化一样，是园林景观创造的重要因素之一。

　　我国地面铺装艺术历史悠久，元代的"金砖"，因其质地细密、坚硬如石、光亮可鉴而成为中国古代园林铺地艺术中的一绝（图3-1）。在现代园林景观中，随着材料的推陈出新，施工技术的提高和受现代设计观念的影响，地面铺装的表现形式更加丰富（图3-2）。

　　地面铺装的分类有很多种，常见的是按使用材料的不同进行分类。

1. 整体路面

　　整体路面是指用水泥混凝土或沥青混凝土进行统铺的地面（图3-3）。它成本低、施工简单，并且具有平整、耐压、耐磨等优点。适用于通行车辆或人流

图3-1　中国古典园林地面铺装艺术

图3-2　现代景观地面铺装艺术

图3-3　整体路面

图3-4　块材铺地

集中的道路，常用于车道、人行道、停车场的地面铺装，缺点是较单调。

2. 块材铺地

块材铺地主要用于建筑物入口、广场、人行道、大型游廊式购物中心的地面铺装，包括各种天然块材、各种预制混凝土块材和砖块材铺地（图3-4）。天然块材铺装路面常用的石料首推花岗岩，其次有玄武岩、石英岩等。这些块材一般价格较高，但坚固耐用；预制混凝土块材铺装路面具有防滑、施工简单、材料价格低廉、图案色彩丰富等优点，因此在现代景观铺地中被广泛使用；转块材是由黏土或陶土经过烧制而成的，在铺装地面时，可通过砌筑方法形成不同的纹理效果。

3. 碎料铺地

碎料铺地是指用卵石、碎石等拼砌的地面铺装（图3-5）。它主要用于庭院和各种游憩、散布的小路，这种方法经济、美观、富有装饰性。

4. 综合铺地

综合铺地是指综合使用以上各类材料铺筑的地面，特点是图案纹样丰富，颇具特色（图3-6）。

二、地面铺装设计要点

1. 地面铺装的指引性

道路在景观中往往能起到分隔空间和组织空间的作用，道路的规律使游人能够按照设计者的意愿、路线和角度来观赏景物。因此，我们可以通过地面铺装设计来增加游览的情趣，增强流线的方向感和空间的指引性。常用的手段是对地面进行局部的重点装饰，起到暗示的作用，由于道路具有向前的指引性，因此在地面铺装时，大多对整条路面进行装饰，或强调路线的起点，或把装饰重点放在道路的两侧（图3-7、图3-8）。

图3-5　碎料铺地

图3-6　综合铺地

图3-7　阶梯道路铺装

图3-8　平整道路铺装

L形铺装具有向转角的指引性（图3-9）。因此地面铺装设计时，重点应放在两条路的交会处。圆形、方形、十字形等形式的空间，具有向心的指引性（图3-10～图3-12）。因此装饰的重点也应在中心。

2. 质感

地面铺装的美，很大程度上要依靠材料质感的美。铺地的材料一般以粗糙、坚固、浑厚者为佳。

（1）质感的表现要与周围的环境相协调。因此

图3-9　L形铺装

图3-10　圆形铺装

图3-11　方形铺装

图3-12　十字形铺装

在选择材料之前，要充分了解它们的表情特征，并利用它们形成空间的特色：大面积的石材铺地让人感觉到庄严肃穆，砖铺地使人感到温馨亲切（图3-13），石板路给人一种清新自然的感觉，原木铺地让人感到原始淳朴（图3-14），水泥地面则纯净冷漠，卵石铺地富于情趣。

（2）质感的调和要考虑同一调和或对比调和。当使用地被植物、石子、沙子、混凝土等进行铺装时，使用同一材料的地面，比使用多种材料的地面更容易达到整洁和统一，形成调和的美感（图3-15、图3-16）。如果运用质感对比的方法铺地，也能获得一种协调的美，增强铺地的层次感。例如，在尺度较大的空地上采用混凝土铺地是会略显单调，为改变这种局面，可以在其中或道路道旁采用局部的卵石铺地或砖铺地来丰富层次。此外，还可以在草坪中点缀步石，石板坚硬、深沉的质感和草坪的柔软、光泽的质

感相对比，丰富了地面层次。

（3）质感的变化要与色彩的变化均衡相称。如果地面色彩变化过多，则质感的变化要少些；如果地面色彩单调，则质感的变化相对应该丰富些。

3. 色彩

（1）色彩的背景作用　地面的色彩在景观中，一般是衬托景点的背景，或者说是底色，人和风景才是主体（特殊情况除外）。因此，地面色彩应避免过于鲜艳、富丽，否则会喧宾夺主造成混乱的气氛。色彩的选择应稳重而不沉闷，鲜明而不俗气，并能为大多数人所接受。

（2）色彩必须与环境相协调　或宁静、清洁、安定，或热烈、活泼、舒适，或粗糙、野趣、自然。因此，在地面铺装设计中，有意识地利用色彩的变化，可以丰富和加强空间环境的气氛（图3-17）。

（3）色彩的调和　如果地面铺装选择的材料过

图3-13　砖铺质感的表现

图3-14　木铺质感的表现

图3-15　多种铺装材料调和

图3-16　地面质感调和

图3-17　地面铺装色彩选择

图3-18　地面铺装材料尺度选择

多，各式各样的材料同时存在，却忽视色调的调和，其结果会大大破坏景观的整体性，为避免这种情况，在铺装设计时，可先确定地面色彩的基调，或冷、暖色调，或明、暗色调；或同类色调。这样，在把握地面色彩的主色调后，即使局部有些跳跃变化，也容易获得整体上的协调。

4. 尺度

路面砌块的大小、色彩、质感和拼缝的设计等都与场地的尺度有密切的关系。一般大场地的地面材料尺寸宜大些，质感可粗些，纹样不宜过细，色彩宜沉着稳重；而小场地的地面材料尺寸宜小些，质感不宜过粗，纹样可细些，色彩也可鲜明活泼些。例如，水泥砌块和大面积的石料适合用在较宽的道路和广场，尺度较小的地砖和卵石则适合于铺在尺度较小的路面或空地上（图3-18）。

- 补充要点 -

地面铺装与其他因素的关系

地面铺装是园林景观设计的一部分，其色彩造型纹样等因素要与其周围环境相协调，达到园林设计的统一。园林文化的基本内涵是把自然人化和把人自然化。园林文化包括创造景观和创造生活，而地面铺装设计也应是园林文化的一方面体现，因此地面铺装就其选材、图案、质感等要素，都要考虑到与园林整体文化主题相呼应，使之统一、完美、和谐。

第二节　山石设计

一、山石与文化内涵

1. 山景寓意

山给人以崇高的美感，山厚以载德，高出世表，为世人敬仰，所以孔子说"仁者乐山"。山是隐士的居所、神仙的福地，崇高与神秘是中国文化对于山的解释。昆仑五岳都可以上达于天，泰山是帝王祭天的地方，昆仑山是东王公、西王母的住所。因此，山水总是与品德、学问合为一体，是含有仁、智的道德文章（图3-19）。

2. 山石审美

在古典园林中，可以无山，但不可以无石。山石与水是一体的，"石令人古，水令人远，园林水石，最不可无。"石具有山的形状和质地，山石的审美以瘦、漏、皱、奇、丑为标准，奇峰怪石，给人以无穷的想象，故有石翁、石叟、石兄的拟人化称谓（图3-20）。

3. 叠山名称

水池上叠山是园林中的第一胜地，水中山可以称谓池山，水上叠步石，山上架飞梁，或洞穴中隐藏水经矶石，都如同蓬莱仙境（图3-21、图3-22）。还可在墙壁上理山，作峭壁山。即以墙壁为画纸，以湖石滴水为画，配上黄山松、古梅桩、美竹，透过圆窗看去宛如仙境，既不占空间，又能得美景。

二、叠石手法与造景

1. 用石种类

（1）太湖石　产于水中，多孔窍，石性坚硬润泽，具有嵌空、穿眼、婉转、险怪的奇特形象，颜色有白色、青黑色，石质纹理纵横交织，遍布凹孔，敲之有声。太湖石以高大为贵，适合树立在轩堂之前，具有雄伟奇丽的景象，也可以堆叠成假山、花坛或罗列在庭园广榭之中。与太湖石形象相近的还有宜兴

图3-19　风景园林中的山景寓意

图3-20　风景园林中的山石审美

图3-21　园林水池上的叠山

图3-22　园林墙壁旁的叠山

石、南京龙潭石，都是色青且质地坚硬（图3-23）。

　　在堆叠假山时，无造型变化的可用于立根作椿头，有花纹的可以单独点景，有皱的碎石应拼合皱纹，最好能叠出像山水画一样有气派的假山。

　　（2）黄石　石质坚实，斧凿不入，诗文古朴，形状方整，便于堆叠假山（图3-24）。它的产地很

多，安徽的黄山、苏州的尧峰山、长江采石矶等都有出产。

　　（3）宣石　产于安徽宁国，石泽洁白，因为在地下被红土淤积，选用时必须洗刷。宣石在雨水冲刷下愈久愈白，如同"雪山"一样，可以放在几案上作盆景欣赏（图3-25）。

　　（4）灵璧石　灵璧县在安徽宿州市境内，那里有座馨山出产灵璧石，形象奇特，如同峰峦，陡峭透空，有曲折之势，在土中自然形成。灵璧石可以制成盆景，底部可以平稳地放在几案上，或悬在空中作石磬（图3-26）。

　　（5）湖口石　来自江西九江湖口，产于水中或水边。一种是青色，自然生成像峰、峦、岩、壑；另一种扁薄有孔隙，洞眼贯通，石纹如刷丝，色泽微润，敲之有声（图3-27）。

　　（6）六合石子　是在六合县灵居岩、仪征、南京的沙土和水边产的一种玛瑙石子，现在统称为雨花

图3-23　太湖石造园

图3-24　黄石造园

图3-25　宣石盆景

图3-26　灵璧石

图3-27 湖口石成景

图3-28 六合石子

石。雨花石上有五彩纹,润盈透亮、纹彩斑斓,铺在地上如锦绣,放在书桌上或园林水中就自然引人瞩目了(图3-28)。

(7)花岗石 宋朝皇帝在江南采办花岗石,挑选名贵的太湖石运往东京汴梁,在江苏、山东、河南都有遗存,是当年采运途中遗留下来的。由于陆路采运十分困难,所以宋代花岗石更显珍贵,放在园中自然可以成为园林中独特的景观(图3-29)。

(8)柏果峰 为石笋形,上有白果形石纹,插入在竹丛或芭蕉丛中,显得颇有郑板桥《竹石图》画意。斧劈石也可以直立在风景园林中或者作为盆景,自然有太华千寻的气势(图3-30)。

2. 叠石造景手法

(1)凿池推土为山 城市平地造园,可将凿池取出的土方堆成土山,然后在土山上嵌入湖石,湖石藏在土山中,能形成土石风化的自然效果,使土石有石脉露出土外(图3-31)。这样用石不多,时隐时现,点缀在山径两侧,使人回味无穷,设计科学

合理。

(2)山贵在峦 峦是高峻的山头,掇山时,山顶要突出,不能一般平,也不能作笔架式。用石要讲究造型,高低错落,不能并列排着,而是依着布景。因此在推叠假山时,山顶用石最为讲究,应该将造型奇特的山石用在山顶上。

(3)独石成峰 峰石是一块整石,往往以一块巨大的天然太湖石为石缝,如苏州园林的瑞云峰,高三丈(约9.9米)有余。造这种实景时,底座可以用小些的石块,封顶用大石,但必须重心平稳,符合力学原理,不能倾斜,否则日久容易倾倒伤人。选石时要看石头的阴阳向背或纹理,事先请工人凿好有隼眼的座子,再将上大下小的峰石安装在座子上。峰石以立式为美,也可以用两三块石拼叠而成,造型仍然是上大下小,力量平衡似有飞舞之势(图3-32)。

(4)平衡悬崖 悬崖起脚要小,渐推渐大,使其后方坚固,作为基础,再用力学平衡的方法,将长条石压在上面,如墙基埋于坑内,来平衡前后石块的

图3-29 花岗石造景

图3-30 斧劈石造景

重量。它往往能悬空数尺，形式惊人而又十分安全。

（5）山洞石窟　空腹假山是最省石料的，它的内部可以做成石窟，也便于游览。砌山洞的方法与造屋相同，平整地基以后，以石为柱，将它固定住，选奇妙有孔的石块作门窗，便于采光。上部收顶用条石压住，条石上筑土为台，留台阶路径后再用碎石铺好。山洞中可以布置石床、石凳，山洞顶上可以安放亭屋、筑台和植树木。

（6）假山临水　山得水则活，水得山则幽，用石桥、石洞连接山水，水随山转，或是在水边置石，水中立石，都能成景（图3-33、图3-34）。假山也是靠水为佳，无水处可做个山洞，雨天自成山涧溪流。引水时可在山顶上做成天沟，留下一个小坑蓄水，水从石口吐出，泛漫而下的时候，就构成古人所谓的"坐雨观泉"了。

图3-31　凿池堆土为山

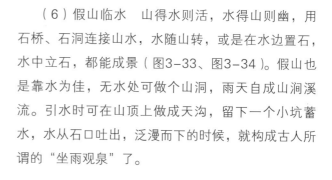

图3-32　独石成峰

图3-33　临水假山

图3-34　临水假山瀑布

- 补充要点 -

石景画法

　　山石景观的手绘方法，应该从画谱临摹和石景写生两方面入手，其目的是学习藻井叠石、选石、用石的艺术手法。做到能构思，能表达设计意图。手绘是表达思想的最便捷的方式，可以用速写、写生、素描或中国画的方法学习山石景观的手绘方法，锻炼手绘山石的造型能力。

第三节　植物设计

一、景观植物类型

景观植物的功能体现在非视觉性和视觉性两方面。植物的非视觉功能是指植物具有净化空气、吸收有害气体、调节和改善小气候、吸滞烟尘和粉尘、降低噪声等作用。植物的视觉功能是指植物的审美功能，即根据不同环境景观的设计要求，利用不同植物的观赏形态加以设计，从而达到美化环境，使人心情愉悦的作用。植物设计是园林景观设计中必不可少的组成部分，也是园林景观表现的主要手段。现代景观中的植物名称繁多，按类型来分有以下几种。

1. 乔木

乔木是营造植物景观的骨干材料，它们主干高大明显、生长年限长、枝叶繁茂、绿量大、具有很好的遮荫效果，在植物造景中占有重要的地位，并在改善小气候和环境保护方面作用显著。乔木体量大，其树种的选择和配置最能反映植物景观的整体形象和风貌，因此是植物造景首先要考虑的因素。以观赏特性为分类依据，可以把乔木分为以下两个类型。

（1）常绿类　榕树、樟树、广玉兰、桂花、山茶、松油、雪松、黑松、云杉、冷杉、侧柏、圆柏等（图3-35）。

（2）落叶类　梧桐、银杏、毛白杨、旱柳、垂柳、悬铃木、玉兰、金钱松、水杉、落叶松等（图3-36）。

2. 灌木

景观中的灌木通常指美丽芳香的花朵、色彩丰富的叶片或诱人可爱的果实等观赏性的灌木和观花小乔木。这类植物种类繁多，形态各异，在景观营造中最具艺术表现力。按照其在景观中的造景功能，可以把灌木分为以下几个类型：

（1）观花类　梅花、紫荆、木槿、山花、腊梅、紫薇、芙蓉、牡丹、迎春、栀子、茉莉、夹竹桃等（图3-37）。

（2）观果类　南天竹、火棘、枸棘、毛樱桃、金橘、十大功劳、小叶女贞、黑果绣球、贴梗海棠等（图3-38）。

（3）观叶类　大（小）叶黄杨、石楠、金叶女贞球、卫矛、南天竹、紫叶小檗、矮紫杉、蚊母树、

图3-36　银杏树

图3-35　榕树

图3-37　紫荆花

图3-38　小叶女贞

雀舌黄杨、鹅掌柴等（图3-39）。

（4）观枝干类　红瑞木、棣棠、连翘、平枝枸子等（图3-40）。

灌木在景观植物中属于中间层，起着乔木与地被植物之间的连接和过渡作用。在造景方面，它们既可作为乔木的陪衬，增加树木景观的层次变化，也可作为主要观赏对象，突出表现灌木的观花、观果和观叶效果。灌木平均高度基本与人的平视高度一致，极易形成视觉焦点，加上其艺术造型的可塑性强，因此在景观营造中具有极其重要的作用。

3. 花卉

花卉是指草木的观花植物，特征是没有主茎，或虽有主茎但不具木质或仅基部木质化，可分为一、二年生草木花卉和多年生草本花卉。如太阳花、蝴蝶兰、长生菊、一串红、五色苋、甘蓝、兰花等（图3-41、图3-42）。

花卉具有种类繁多、色彩丰富、生产周期短、布置方便、更换容易、花期易于控制等优点。花卉能丰富景观绿地并且能够烘托环境气氛，特别是在重大节庆期间，花卉以其艳丽丰富的色彩使节庆日倍增喜庆和欢乐气氛。因此在景观绿化中被广泛应用，并常常具有画龙点睛的作用。

4. 草坪和地被植物

草坪是指有一定设计、建造结构和使用目的的人工建植的草木植物形成的块状地坪，或供人休闲、游乐和体育运动的坪状草地，具有美化和观赏效果。草坪在现代景观绿地中应用广泛，几乎所有的空地都可设置草坪，进行地面覆盖、防止水土流失和二次飞尘，或创造地毯般富有自然气息的游憩活动与运动健

图3-39　南天竹

图3-40　棣棠

图3-41　五色苋

图3-42　兰花

图3-43 草坪

图3-44 葱兰

图3-45 何首乌

图3-46 常春藤

身的空间。按草坪使用功能的不同可分为游憩草坪、观赏草坪、体育草坪、林下草坪等。按草坪的规划形式不同可分为自然式草坪和规划式草坪两种。草坪植物可分为两大类：

（1）暖季型草坪草 地毯草、中华结缕草、野牛草、天堂草、格兰马草、狗牙根等；

（2）冷季型草坪草 高羊茅、细羊茅、小糠草、草地早熟禾、加拿大早熟禾等。

草坪作为一种空间景观具有开阔明朗的特性，最适宜的应用环境是面积较大的集中绿地，因此在城市景观规划中广为应用，它能使城市获得开阔的视线和充足的阳光，使环境更为整洁和明朗（图3-43）。

地被植物是指株丛紧密、低矮、用以覆盖景观地面、防止杂草滋生的植物。草坪植物实际也属于地被植物，但因其在园林景观设计中的重要性，故单独

分列出来。常见的地被植物还有麦冬、石菖蒲、葱兰、八角金盘、二月兰等（图3-44）。地被植物适应性强、造价低廉、管理简便，是景观绿地划分最常用的植物，也是植物绿地景观形成宏大规模气势的重要手段。

5. 藤本植物

藤本植物是指自身不能直立生长，需要依附他物或匍匐地面生长的木本或草本植物。它最大的优点，是能很经济地利用土地，并能在较短时间内创造大面积的绿化效果，从而解决因绿地狭小而不能种植乔木、灌木的环境绿化问题。常见的藤本植物有牵牛花、金银花、何首乌、吊葫芦、紫藤、葡萄、龙须藤、五叶地锦、常春藤、野蔷薇等（图3-45、图3-46）。藤本植物由于极易形成立体景观，所以多用于垂直绿化，这样既有美化环境的功能又有分隔空间

的作用，加之纤弱飘逸、婀娜多姿的形态，能够软化建构物生硬冰冷的立面而带来无限生机。藤本植物的景观营造方式有绿廊式、墙面式、离垣式、立柱式。

6. 水生植物

水生植物是指生长在水中，沼泽或岸边潮湿地带的植物。它对水体具有净化作用，并使水面变得生动活泼，增强了水景的美感。常见的水生植物有荷花、菖蒲、王莲、凤眼莲、水杉、菱等（图3-47、图3-48）。

二、植物的配植

1. 植物配植的形式美原则

在进行植物景观设计时，必然会涉及形式美原则这一问题，即用形式美的规律进行构思、设计，并把它实施建造出来。

（1）对比与调和　在植物景观设计中，既要运用对比也要注意调和。对比是为了突出主题或引人注目，调和是为了产生协调感，从而使人心情舒适、愉悦。调和要通过植物的种类和布局形式等方面来获得统一协调。对比方式有以下几种。

1）空间对比。巧妙地利用植物创造开敞与封闭的对比空间，能引人入胜，丰富人的观赏体验。人从封闭空间转到开敞空间，会感到豁然开朗、心旷神怡；从开敞走向封闭，会感到深邃而幽寂，别具韵味（图3-49）。

2）体量对比。是指植物的实体大小、粗线与高低的对比关系，目的是相互衬托，这种搭配能够获得变化丰富的轮廓天际线（图3-50）。

3）方向对比。指配植所构成的横向和纵向的线性对比。如单株乔木与草坪配植形成孤植树更加突出，草坪更加开敞的效果（图3-51）。

4）色彩的对比。"远观其色，近观其形，"植物的色彩往往给人以第一印象，利用植物色彩的冷暖、明暗对比，巧妙配置，能为景色增色不少。例如，枫树种植在浓绿的树林背景前，在色彩上形成鲜明的冷

图3-47　菖蒲

图3-48　水杉

图3-49　空间对比

图3-50　体量对比

图3-51 方向对比

图3-52 色彩对比

暖对比，打破了单调的格局；在花坛设计中，利用多种不同颜色叶片的灌木组合成各种图案造型，是植物景观设计中常用的手法（图3-52）。

（2）均衡与稳定 植物的质感、色彩、大小等都可以影响到均衡与稳定，均衡分为"对称式均衡"和"非对称式均衡"。对称式均衡常用于规则式建筑、庄严的陵园或胸围的皇家园林中，给人一种规则、整齐、庄重的感觉。非对称式均衡则能赋予景观自然生动的感觉，常用于花园、公园、植物园、风景区等较自然的环境中。例如，一条蜿蜒曲折的园路两旁，路右边若种植一棵高大的雪松，则邻近的左侧需要植以数量较多、单株体量较小、成丛的花灌木，以求均衡稳定（图3-53）。

图3-53 均衡与稳定

（3）比例与尺度 植物景观设计师，确定合理的比例与尺度，能获得较好的景观视觉效果。这种比例尺度的确定是以人体作为参照物的，与人体具有良好尺度关系的物体被认为是合乎标准的、正常的，比正常标准大的比例会使人感到畏惧，而小比例则具有从属感（图3-54）。景观植物的空间受植物自然生长特性的影响，其比例和尺度的控制不可能那么精确，但在整体的空间构造中模糊考虑植物的长度以及空间的比例也是非常必要的。例如，在私家庭园中，树种应选用矮小植物，体现出小中见大；由于儿童视线低，设计儿童活动场所时，绿篱的修剪高度不宜过高。

（4）节奏与韵律 有规律的再现称为节奏，在节奏的基础上深化而形成的既富于情调又有规律、可

图3-54 比例与尺度

以把握的属性称为韵律。植物景观设计中，可以利用植物的形态、色彩、质地等要素进行有节奏和韵律的搭配。常用节奏和韵律来表现的方式有行道树、高速公路中央隔离带等适合人心理快节奏感受的街道绿

化，同时要注意植物纵向的立体轮廓，做到高低搭配，有起有伏，产生节奏韵律，避免局部呆板。

2. 植物配植

（1）植物配植的基本形式

1）规则式。又称几何式、图案式，是指乔木、灌木成行陈列等距离排列种植，或做有规则的简单重复，具有规整形状。花卉布置以图案为主，花坛多为几何形；多使用植篱、整形树及整形草坪等。体现了整齐、庄重、人工美的艺术特征。规则式植物配植的典型代表是西方古典园林景观（图3-55）。

2）自然式。又称风景式、不规则式，是指植物景观的布局没有明显轴线，植物的分布自由变化，没有一定的规律性。自然式植物种类丰富，种植无固定行距，形态大小不一，充分展示植物的自然生长特性。体现了生动活泼、清幽自然的艺术特征。自然式植物配植的典型代表是中国古典园林景观（图3-56）。

3）组合式。是规则式和自然式结合的形式。它吸收了两者的优点，既有整洁、明快的整体效果，又有活泼、轻松的自然特色，因此在现代植物背景设计中广为应用。

（2）植物的配植可构成不同类型空间　借助于植物材料作为空间限制的因素，能建造出许多类型不同的空间，下面是由植物构成的一些典型的空间类型。

1）开敞空间。由低矮灌木和地被植物构成，空间四周开敞、外向，无隐蔽性，视野开阔，让人感受舒畅、自然。

2）半开敞空间。与开敞空间的区别是，它空间的一面或多面受到较高植物的封闭，从而限制了视线的穿透，开敞程度较小。这种空间有明显的方向性和延伸性，用以突出开敞方向较好的景观。

3）覆盖空间。利用成片的具有浓密树冠的高大乔木，构成一个顶面覆盖而四周开敞的空间。该空间为夹在树冠和地面的宽阔空间，人们可在其中活动。

4）全封闭空间。与覆盖空间相似，但空间的四周均被中小型植物所封闭。常见于森林中，它光线较暗，无方向性，具有极强的隐蔽性和隔离感。

5）垂直空间。运用高而细的植物构成一个方向直立、朝天开敞的空间。为构成这种空间，尽可能用圆锥形植物，越高则空间越大，树冠则越来越小。

（3）植物的配植设计

1）孤植设计。孤植指为突出显示树木的个体美，一般均单株种植，也称独赏树，常作为景观构图的主景。通常均为体形高大雄伟或姿态优美或无花果的观赏效果较好的树种。孤植物作为主景，因而要求栽植地点位置较高、四周空旷，便于树木向四周伸展，并具有较好的观赏视距。孤植树可种在大片草坪上、花坛中心、道路交叉点、道路转折点、池畔桥头等一些容易形成视觉焦点的位置（图3-57）。

2）对植和列植设计。对植是被数量大致相等的树木按一定的轴线关系对称地种植。列植是对植的延

图3-55　规则式

图3-56　自然式

图3-57　孤植设计

图3-58　对植设计

图3-59　列植设计

图3-60　丛植设计

伸，指成行成带的种植树木。对植和列植的树木不是主景，而是起衬托作用的配景。对植多应用于大门两边、建筑物入口、广场或桥头两旁，用两株树形整齐美观的树木，左右相对的配植（图3-58）。列植在景观中可作景物的背景，种植密度较大的可形成树屏，起到分割隔离的作用。列植多由一种树木组成，也有间植搭配，并按一定方式排列。列植应用最多的是公路、城市街道行道路、绿篱等（图3-59）。

　　3）丛植设计。由2~20株同类或相似的树种较紧密地种植在一起，使其林冠线彼此紧密而形成一个整体的外轮廓线，这种配植方式称丛植，是城市绿地景观布置的常见形式（图3-60）。丛植须符合多样统一的原则，所以树种要相同或相似，但树的形态、姿态及配植的方式要多变化，不能像形成规则式的树林。

　　4）组植设计。由2~20株同种类的树木组配成

一个景观为主的配植方式称组植，也可用几个丛植组成组植。组植的变化可从树木的形状、质地、色调上综合考虑（图3-61）。

图3-61　组植设计

5）群植设计。由20株至数百株的乔木、灌木成群配植称为群植，形成的群体称为树群。树群所表现的主要为群体美，应布置在有足够距离的开敞场地上，如大草坪上、水中的小岛屿上、小山坡上等（图3-62）。

6）植篱设计。指由同一种树木（多为灌木）近距离密集列植成篱状的树木景观，常用作空间分隔、屏障或植物图案造景的表现手法（表3-1）。

7）花卉造景设计。花卉造景在丰富城市景观的造型和色彩方面扮演着重要角色。花卉造景的设计形式有花坛、花台、花境。花坛是城市景观中最常见的花卉造景形式，其表现形式很多，有作为局部空间构图的一个主景而独立设置于各种场地之中的独立花坛；有以多个花坛按一定的对称关系近距离组合而成的组合花坛；有设计宽度在1m以上、长宽比大于3∶1的长条形的带状花坛；有由以上几种花坛组成的具有节奏感的连续花坛群（图3-65）。花台设计是在较高的（一般400～1000mm）空心台座式植床中填入土或人工基质、主要种植草花形成景观的花卉造景形式，花台面积较小，适合近距离观赏，表现花卉的色彩、芳香、形态和花台的造型等综合美（图3-66）。花境设计是介于规则式与自然式之间的一种带形花卉造景形式，也是以草花和木本植物相结合，沿绿地边界和路缘等地段设计布置的一种植物景观类型，花境植物种植既要体现花卉植物自然组合的群体美，也要注意表现植株个体的自然美（图3-67）。

表3-1 植篱设计类型要点一览

类型	高度	要点
矮篱	500mm以下	象征性绿地空间分隔和环境绿化装饰
中篱	500～1200mm	一般人不能轻易跨越，故具有一定的空间分隔作用
高篱	1200～1500mm	因高度较高，常用作景观绿地空间的分隔和防范，或用作障景，因高度未超过人的视平线，故仍然保持景观空间的联系
树墙	1500mm以上	多采用大灌木或小乔木，并多为常绿树种，因高度超过一般人的视高，故常用来进行空间分隔、屏障视线或用作背景
常绿篱	无要求	采用常绿树种设计的植篱，也称绿篱。它整齐素雅、造型简洁，是景观绿地中运用得最多的植篱形式
花篱	无要求	由花灌木组成的植篱称为花篱（图3-63），其芬芳艳丽，常用作景观绿地的点缀
果篱	无要求	设计时应采用能结出许多果实的观果树种，并具有较高观赏价值的植篱，也称观果篱（图3-64）
刺篱	无要求	选用多刺植物配置而成的植篱称为刺篱，其芬芳艳丽，常用作景观绿地的点缀
彩叶篱	无要求	以彩叶树种设计的植篱称为彩叶篱，色彩丰富、亮丽，具有很好的美化装饰功能
蔓篱	无要求	先设计一定形式的篱架，然后用藤蔓植物攀援其上，形成的绿色篱体景观，常用作围护，或创造特色篱体景观
编篱	无要求	将绿篱植物枝条编织成网格状的植篱称为绿篱，它是为了增强植篱的牢固性和边界作防范，避免人或动物穿越

图3-62　群植设计

图3-63　花篱

图3-64　果篱

图3-65　花坛

图3-66　花台

图3-67　花境

- 补充要点 -

植物的文化内涵

1. 因地制宜地种植绿色植物。营造绿色生态环境，植物种类的选择应适合于该地区、地形、气候、土壤和历史文化传统，不能由于猎奇而为违背自然规律。首先要重视地方树种花木的种植，以求便于生长，形成地方特色。其次，在经营园林景观时，要考虑景观植物，保护特色树种，尽量保护已有的古树名木，因为一元一景易建，古树名花难求。对于景观立意，可以借用植物来命名，如以梅花为主的梅园。在中国传统文化中，经常会以花木比喻人物的拟人手法表现花木的文化内涵，因此在选择景观绿化植物时也应该加以考虑。如松树的伟岸与苍古挺拔象征人物的气节。

2. 树种种植要考虑品种配置。植物栽培与造景要考虑文化内涵，要相结合才能使造景诗情画意，诗可以为造园的意境提供依据，图画课为造园设计稿，各种树木也各自有不同的文化内涵。如松为百木之长，被称为十八公，苍松翠柏是景观设计中重要的树种，"庭中无松，如画龙不点睛"。松柏树中常用在造景中的有五针松、马尾松、桧柏等，若苍松再配置以怪石，则能更生古趣。

第四节　水景设计

水体景观设计是园林景观设计的难点，但也常常是点睛之笔。古人称水为景园中的"血液"、"灵魂"。纵览中西古典园林，几乎每种庭院都有水景的存在，尽管在大小、形式、风格上有着很大的差异，但人们对水景的喜爱却如出一辙。水的形态多种多样，或平淡或跌宕，或喧闹或静谧，而且淙淙水声也令人心旷神怡。在水景设计中应充分发挥水的流动、渗透、激溅、潺缓、喷涌等特性，以水造景，创造水的拟态空间。只有这样，景观空间的视觉效果才会因水的处理变得虚实相生、彰显分明、声色相称、动静呼应、层次丰富。

一、水景类型

景观中水体的形成有两种方式，一种是自然形态下的水体，如自然界的湖泊、池塘、溪流等；另一种是人工状态下的水体，如水池、喷泉、壁泉等。按水体景观的存在形式可将其分为静态水景和动态水景两大类，静态水景赋予环境娴静淡泊之美，动态水景则赋予环境活泼灵动之美。

1. 静态水景

静态水景是指水的运动变化比较平缓、水面基本是静止的景观。水景所处的地平面一般无较大高差变化，因此能够形成镜面效果，产生丰富的倒影，这些倒影令人诗意盎然，易产生轻盈、幻象的视觉感受。除了自然形成的湖泊、江河、池塘以外，人工建造的水池是静态水景的主要表现方式（图3-68、图3-69）。

水体形状有西方景观中的规则几何形，也有中国古典园林中的不规则自然形，池岸分为土岸、石案、混凝土岸等。在现代景观中，水池常结合喷泉、花坛、雕塑等景观小品布置，或放养观赏鱼，并配置水生植物如莎草、鸢尾、海芋等。在现代小区景观中，水池常以游泳池的形式出现，池底铺以瓷砖或马赛

图3-68 静态庭院水景

图3-69 静态自然水景

克，多拼成图案，突出海洋主题，富有动感。

2. 动态水景

　　景观中的水体更多的是以动态水景的形式存在，如喷涌的喷泉、跌落的瀑布、潺潺而下的叠水等。动态水景因美好的形态和声响，常能吸引人们的注意，因此它们所处的位置，多是醒目或视线容易集中的地方，使其突出并成为视觉中心点。根据动态水景造型特点的不同，可分为以下几种。

　　（1）喷泉　是指具有一定压力的水从喷头中喷出所形成的景观。喷泉通常由水池（旱喷泉无明水池）、管道系统、喷头、动力（泵）等部分组成，如果是灯光喷泉还需有照明设备，音乐喷泉还需要音响设备等。喷泉的水姿多种多样，高度也有很大的差别，有的喷泉喷水高度达数十米，有的高度只有

100mm左右。在公园景观中，喷泉常与雕塑、花坛结合布置，来提高空间的艺术效果和趣味。喷泉是现代水体景观设计中最常见的一种装饰手法，它不仅能湿润周围的空气，清除尘埃，而且由于喷泉喷射出的细小水珠与空气分子撞击，能产生大量对人体有益的负氧离子。最常见的喷泉形式有以下几种。

　　1）水池喷泉。这是最常见的形式，除了应具备喷泉应有的一套设备，常常还有灯光设计的要求。喷泉停喷时，就是一个净水池（图3-70）。

　　2）旱地喷泉。喷头等隐于地下，其设计初衷是希望公众参与，常见于广场、游乐场、住宅小区内。喷泉停喷时，是场中一块微凹的地面，旱地喷泉最富于生活气息，但缺点是水质容易污染（图3-71）。

　　3）浅水喷泉。喷头藏于山石、盆栽之间，可以

图3-70 水池喷泉

图3-71 旱地喷泉

把喷水的全范围做成一个浅水池，也可以仅在射流落点之处设几个水钵。

4）盆景喷泉。主要用作家庭、公共场所的摆设。这种小喷泉能更多地表现高科技成果，如喷射形成雾朦胧状的艺术效果。

5）自然喷泉。喷头置于自然水体中，如济南大明湖、南京莫愁湖等，这种喷泉的喷水高度多达几十米。

（2）瀑布　这里的瀑布是指人工模拟自然的瀑布，指较大流量的水从假山悬崖处流下所形成的景观。瀑布通常由五部分组成，即上流（水源）、落水口、瀑身、瀑潭和下流（出水）。瀑布常出现在自然式景观中，按其跌落形式可分为丝带式瀑布、幕布式瀑布、阶梯式瀑布、滑落式瀑布等。按其瀑身形状可分为线瀑、布瀑、柱瀑三种（图3-72、图3-73）。瀑布的设计要遵循"以假乱真"的原则，整条瀑布的循环规模要与循环设备和过滤装置以及过滤装置的容量相匹配。

（3）壁泉　指从墙壁或池壁处落下的水，壁泉的出水口一般做重点处理（图3-74）。

（4）叠水　是呈阶梯状连续落下的水体景观，有时也称跌水，水层层重叠而下，形成壮观的水帘效果，加上因运动和撞击形成美妙的声响，令欣赏者叹为观止。叠水常用于广场、居住小区等景观空间，有时与喷泉相结合。叠水因地面造型不同而呈现出变化丰富的流水效果，常见的有阶梯状和组合式两种（图3-75）。

（5）溪涧　指景观绿地中自然曲折的水流，急

图3-72　线瀑

图3-73　布瀑

图3-74　壁泉

图3-75　叠水

流为涧、缓流为溪。溪涧常依绿地地形地势而变化，且多与假山叠石、水池相结合。

二、水景设计要点

1）水景形式要与空间环境相适合，例如，音乐喷泉一般适用于广场等集会场所，喷泉与广场不但能融为一体，而且它以音乐、水形、灯光的有机组合来给人以视觉和听觉上美的享受，而居住区的楼宇间更适合设计溪流环绕，以体现静谧悠然的氛围，给人以平缓、松弛对的视觉享受，从而营造出宜人的生活休息空间。

2）水景的表现风格是选用自然式还是规则式，应与整个景观规划相一致，有统一的构思。

3）水景的设计应尽量利用地表径流或采用循环装置，以便节约能源和水源，重复使用。

4）要明确水景的功能，是为观赏还是为嬉水，或者仅是为水生植物和动物提供生存环境的。如果是嬉水型的水景要考虑到安全问题，水的深度不宜太深，以免造成危险，水深的地方则必须要设计相应的防护措施；如果是为水生植物和动物提供生存环境的水景，则需要安装过滤装置等设备来保证水质。

5）水景设计时注意结合照明，特别是动态水景的照明，往往效果会更好。

－ 补充要点 －

水景寓意

空气、阳光、水是生命的三元素。孔子说："仁者乐山、智者乐水。"水无色、无臭、无形，以其柔弱而无处不在。水景能形成上下对称的倒影，构成优美的水环境景观，所以中西园林景观均重视水景设计。中国传统理水方式以自然的"一池三山"式为主，水边常常是垂钓的隐士所在之地，所以说在中国传统文化中，水象征生命、智慧和力量，具有渔翁、隐士等含义。苏州沧浪亭、网师园，都是以水景的寓意而命名的。在日本园林中，又有枯山水园，它是用白沙铺地，划出水纹，隐喻水体，形成了日本枯山水园的特色。在江南园林中，有船厅建在旱地，以水纹锦石铺地，如船在水中的设计传统。

第五节 景观小品设计

　　小品原指简短的杂文或其他短小的艺术表现形式，突出的特点是短小精致，把小品的概念引入到园林景观设计中来，就有了景观小品的定义。景观小品是指那些体量小巧、功能简单、造型别致、富有情趣、内容丰富的精美构筑物，如轻盈典雅的小亭、舒适趣味的座椅、简洁新颖的指示牌、方便灵巧的园灯，还有溪涧上自然情趣的汀步等。景观小品是设计师经过艺术构思、创作设计并建造出来的环境景物，它们既有功能上的要求，又有造型和空间组合上的美感要求，作为造景素材的一部分，它们是景观环境中具有较高观赏价值和艺术个性的小型景观。

一、景观小品特性

1. 功能性

　　景观小品最基本的特性，是指大多数小品都有实际作用，可直接满足人们的生活需要。如亭子、花架、座椅可供人们休息、纳凉、赏景使用（图3-76）；儿童游乐设施可供儿童游乐、玩耍使用；园灯可提供夜间照明，方便游人行走；公共电话亭提供了通讯的方便；小桥和汀步连通两岸，使游人漫步于溪水之上（图3-77）；还有一些宣传廊、宣传牌和历史名人雕塑等则具有科普宣传教育和历史纪念功能。

2. 艺术性

　　艺术性是指小品的造型设计要新颖独特，能提高整个环境的艺术品质，并起到画龙点睛的作用。小品的使用有两种情况，一种情况是作为某一景物或建筑环境的附属设施，那么小品的艺术风格要与整个环境相协调，巧为烘托，相

图3-76 亭子

图3-77 汀步景观

得益彰；另一种情况是在局部环境中起到主景、点景和构景的作用，有着控制全园视景的功能，并结合其他景观要素，创造出丰富多彩的景观内容。景观小品的设计要注意以下几点：

（1）与整体环境的协调统一　景观小品的设计和布置要与整体环境协调统一，在统一中求变化。

（2）便于维护并具有耐久性　景观小品放在室外环境中，属于公用设施，因此要考虑到便于管理、清洁和维护；同时受气候条件的影响，也要考虑小品材料的耐久性；在色彩和质量的处理上要综合考虑。

（3）安全性　小品的设计要具有安全性，如水上桥、廊的使用要有栏杆作防护；儿童游乐设施要有足够的安全措施等。

二、建筑小品

建筑小品指环境中具有建筑性质的景观小品，包括亭子、廊、榭、景墙与景门、花架、山石、汀步、步石等。这些小品体量一般较大、形象优美，常常成为景观中的视觉焦点和构图中心，并且通过其独特的造型极易体现景观的风格与特色。

1. 亭子

亭子是供人休息、赏景的小品性建筑，一般由台基、柱身和屋顶两部分组成，通常四面空透、玲珑轻巧，常设在山巅、林荫、花丛、水际、岛上以及游园道路的两侧。亭子以其玲珑典雅、秀丽多姿的形象与其他景观要素相结合，构成一幅幅优美生动的风景画。在现代景观中，按照亭子建造材料的不同，分为木亭、石亭、砖亭、茅亭、竹亭、砼（混凝土）亭、铜亭等；按照风格形式不同，可分为仿古式和现代式。

（1）仿古式　指模仿中国古典园林和西方古典园林中亭子的造型而设计的样式。中式风格的亭子常用于自然式景观中，西式风格的亭子常用于规则式景观中（图3-78、图3-79）。亭子在中国景园中是主要的点景物，并且是运用得最多的一种建筑形式，按平面形式可分为正三角形亭、正方亭、长方亭、正六角亭、正八角亭、圆亭、扇形亭、组合亭。亭子位置

图3-78　中式亭子

图3-79　西式亭子

的选择，一方面是为了观景，即供游人驻足休息，眺望景色；另一方面是为了点景，即点缀风景。因此，亭子的选址归纳起来起来有山上建亭、临水建亭、平地建亭三种。西方亭子的概念与中国大同小异，是一种在花园或游乐场上简单而开敞、带有屋顶的永久性小建筑。西方古典园林中的亭子沿袭了古希腊、古罗马的建筑传统，平面多为圆形、多角形、多瓣形；立面的基座、亭身和檐部按古典柱式做法，有的也采用拱券；屋顶多为穹顶，也有锥形顶或平顶。古典园林中的亭子采用的是砖石结构体系，造型敦实、厚重，体量也较大。在现代小区景观设计中，经常有模仿西方古典亭子的做法，只是亭子材料换成了混凝土。

（2）现代式　在现代景观中，亭子的造型被赋予了更多的现代设计元素，加上建筑装饰材料层出不穷，亭子形式多种多样、变化丰富（图3-80、图3-81）。如今，亭子的设计更着重于创造，用新材

图3-80　防腐木亭子

图3-81　混凝土亭子

料、新技术来表现古典亭子的意象是当今用得更多的一种设计方法，如用卡普隆阳光板和玻璃替代传统的瓦，亭子采用悬索或拉张膜结构等。亭子的表现形式丰富，应用广泛，在设计时要按照景观规划的整体意图来布置亭子的位置，局部服从整体，这是首要的。对亭子体量与造型的选择，要与周围环境相协调，如小环境中，亭子不宜过大；周围环境平淡单一时，亭子造型可复杂些，反之，则应简洁。亭子材料的选择提倡就地取材，不仅加工便利，又易于配合自然。

2. 廊

自然式景观中的廊，是指屋檐下的过道或独立有顶的通道，它是联系不同景观空间的一种通道式建筑。从造型上看，廊由基础、柱身和屋顶三部分组成，通常两侧空透、灵活轻巧，与亭子很相似。但不同的是，廊较窄，高度也较亭子矮，属于纵向景观空间，在景观布局上呈"线"状，而亭子呈"点"状。廊的类型很多，按其平面形式可分为直廊、曲廊（图3-82）、回廊；按内部空间形式可分为双面廊、单面廊（图3-83）、复廊、暖廊、单支柱廊等。

廊不仅具有遮风挡雨、交通联系的实用功能，而且对景观内容的展开和观赏程序的层次起着重要的组织作用。廊的位置经营通常有平地建廊、临水建廊、山地建廊。

（1）平地建廊　在平坦地形的公共景园中，常沿墙或附属于建筑物以"占边"的形式布置廊。形制上有一面、二面、三面、四面建廊，这样可通过廊、墙、房等建筑物围绕形成空间较大、具有向心特征的

庭院景观。

（2）临水建廊　在水边或水上建筑的廊，也称水廊（图3-84）。位于水边的廊，廊基一般紧贴水面，造成临水之势。在水岸曲折自然的情况下，廊大多沿水边呈自由式格局，顺自然之势与环境相融合。

图3-82　曲廊

图3-83　单面廊

图3-84　水廊

图3-85　山廊

凌驾于水面之上的廊，廊基实际就是桥，所以也叫桥廊。桥廊的底板尽可能贴近水面。使人宛若置身于水中，加上桥廊横跨水面形成的倒影，别具韵味。

（3）山地建廊　公园和风景区中常有山坡或高地，为了便于人们登山休息、观景，或者为了联系山坡上下不同高差的景观建筑，常在山道上建爬山廊（图3-85）。

3. 水榭

水榭是供游人休息、观赏风景的临水建筑小品。中国古典园林中，水榭的基本形式是在水边架起一个平台，平台一半伸入水中，一半架在岸上，平台四周围绕着低矮的栏杆，这样建起一个木构的单体建筑，建筑平面通常为长方形，其临水一面开敞通透。在现代公共景观中，水榭仍保留着传统的功能和特征，是极富景观特色的建筑小品，只是受现代设计思潮的影响，还有新材料、新技术、新结构的发展，水榭的造型形式有了很大变化，更为丰富多样（图3-86、图3-87）。

4. 景墙与门窗洞

（1）景墙　在庭院景观中一般指围墙和照壁，它首先起到分隔空间、衬托和遮蔽景物的作用，其次有丰富景观空间层次、引导游览路线等功能，是景观空间构图的重要手段。景墙按墙垣分有平墙、梯形墙（沿山坡向上）、波浪墙（云墙）；按材料和构造不同可分为白粉墙、磨砖墙、板筑墙、乱石墙、清水墙、马赛克墙、篱墙、铁栏杆墙等。不同质地和色彩的墙体会产生截然不同的造景效果。白粉墙是中国园林使用最多的一种景墙，它朴实典雅，同青砖、青瓦的檐头装修相配，显得特别清爽、明快，在白粉墙前常衬托山石花木，犹如在白纸上绘出山水花卉，韵味十足；现代清水墙，砌工整齐，加上有机涂料的表面涂抹，使得墙面平整、砖缝细密、质朴自然；还有用

图3-86　水榭侧面

图3-87　水榭正面

图3-88　平墙

图3-89　云墙

马赛克拼贴图案的景墙，实际上属于一种镶嵌壁画，在景观中可塑造出别致的装饰画景。景墙的设置多与地形相结合，平坦的地形多建成平墙（图3-88），坡地或山地则就势建成梯形墙。为了避免单调，有的建成波浪形的云墙（图3-89）。

（2）门窗洞　中国园林的景墙常设门窗洞，门窗洞形式的选择，要从寓意出发，同时要考虑到建筑的式样、山石以及环境绿化的配置等因素，务求形式和谐统一。

1）门洞。除了交通和通风处，还具有使两个相互分隔的空间取得联系和渗透的作用，同时自身又成为景观中的装饰亮点。门洞是创造景园框景的一个重要手段，门洞就是景框，从不同的视景空间、视景角度，可以获得许多生动优美的风景画面（表3-2）。

表3-2　门洞形式特征一览

形式	特征
曲线型	门洞的边框线是曲线形的，这是我国古典园林中常见的形式。常见的有圈门、月门、汉瓶门、葫芦门、海棠门、剑环门、如意门、贝叶门等（图3-90）
直线型	门洞的边框线是直线形的，如方门、六方门、八方门、长八方门、执圭门，以及其他模式化的多边形门洞等（图3-91）
混合型	门洞的边框线有直线也有曲线，通常以直线为主，在转折部位加入曲线段进行连接，或将某些直线变成曲线

2）窗洞。窗洞也具有框景和对景的功能，使分隔的空间取得联系和渗透。与门洞相比，窗洞没有交通功能的限制，所以在形式上更加丰富多样，能创造出优美多姿的景观画面。常见的窗洞形式有月窗、椭圆窗、方窗、六方窗、八方窗、瓶窗、海棠窗、扇窗、如意窗等（图3-92、图3-93）。

3）花窗。是景观中的重要装饰小品（图3-94、图3-95）。它与窗洞不同，窗洞的主要作用是框景，除了一定形状外，窗洞自身没有景象内容；而花

图3-90　月门

图3-91　六方门

图3-92　月窗

图3-93　六方窗

图3-94　几何花窗

图3-95　主题花窗

窗自身有景，花窗玲珑剔透，窗外风景亦隐约可见，增强了庭院景观的含蓄效果和空间的深邃感。在阳光的照射下，花窗的花格与镂空的部分会产生强烈的明与暗、黑与白的对比关系，使花格图案更加醒目、立体。现代花窗多以砖瓦、金属、预制钢筋混凝土砌制，图案丰富、形式灵活。

5. 花架

花架是用以支撑攀援植物藤蔓的一种棚架式建筑小品，人们可以用它来遮阴避暑，因为所用的攀援植物多为观花蔓木，故称为花架。花架是现代景观中运用得最多的建筑小品之一，它由基础、柱身、梁枋三部分组成。顶部只有梁枋结构，没有屋顶覆盖，可以透视天空，这样一方面便于通风透气，另一方面植物的花朵果实垂下来。可供人观赏。因此，花架的造型比亭子、廊、榭等建筑小品更为空透、轻盈。花架的造型形式灵活多变，概括起来有梁架式花架、墙柱式花架、单排式花架、单柱式花架和圆形花架几种。

（1）梁架式花架 是经景观中最常见的花架形式，一般有两排列柱，通常呈直线、折线或曲线布局，也称廊架式花架。我们所熟悉的葡萄架就是这种形式的花架。花架下，沿列柱方向结合柱子，常设两排条形坐凳，供人休息、赏景（图3-96）。

（2）墙柱式花架 是一种半边为墙，半边为列柱的花架形式，列柱沿墙的方向平行布置，柱上架梁，在墙顶和梁上再叠架小枋。这种形式的花架在划分封闭和开敞空间上更为自由，能形成灰空间，造景趣味类似半边廊。花架的侧墙一般不做成实体，常开设窗洞、花窗或隔断，使空间隔而不断、相互渗透，意境更为含蓄。

（3）单排式花架 只有一排柱子的花架称为单排柱花架。这类花架的柱顶只有一排梁，梁上架设比梁架式花架短小的枋，枋左右伸出，成悬臂状。单排柱花架仍保留着廊的造景特点，它们在组织空间和疏导人流方面具有相同的作用，但单排柱花架在造型上却要轻盈自由得多（图3-97）。

（4）单柱式花架 只有一根柱子的花架称为单柱式花架，它很像一把伞的骨架。单柱式花架通常为圆形顶，柱子顶部没有梁，而是直接架设交叉放射状连体枋，枋上也可设环状连接件，把放射状布置的枋连接成网格状。在花架下面，通常围绕柱子设计环状坐凳，供人休憩。

（5）圆形花架 是由五根以上柱子围合成圆形的花架形式，圆形花架很像一座园亭，只不过顶部是空透的网格状或放射状结构，并由攀缘植物的叶和蔓覆盖。

此外，花架按使用的材料与构造不同，可分为钢筋混凝土花架、竹木花架（图3-98）、砖石花架（图3-99）、钢花架等。

（6）花架设计要点

1）亭式花架和廊式花架的空间布局。亭式花架

图3-96 梁架式花架

图3-97 单排式花架

图3-98 竹木花架

图3-99　砖石花架

常作为景观空间的主景或对景，因此常设置于视觉焦点处或景观构图的中心位置。廊式花架外观可呈直线、折线或曲线造型，还可作高低错落变化。这类花架常设置于景观绿化的边缘，用来划分景观空间。位于绿地边缘时，应有较高的树木作背景，以衬托花架的造型和色彩（图3-100、图3-101）。

2）花架的设计要与其他小品相结合。花架内部要设置坐凳供人休息、观景，外部要设计一些叠石、小池、花坛等吸引游人的小景点。墙柱式花架的墙面要开设窗洞或花窗，以丰富墙面造型。

3）花架柱与枋的设计。各种花架形式的处理重点是柱和枋的造型。钢筋混凝土花架和砖石花架的柱子以方形为主；钢花架的柱子以圆形为主；竹木花架的柱子两种形状都常见。有时通过强调分段来丰富柱身立面。现代景观中，花架的梁枋多是混凝土预制件，但在形式和断面大小上仍保留着木材的既有风格，即扁平的长条形，断面为矩形。枋头一般处理成逐渐收分、形成悬臂梁的典型式样，显得简洁、轻巧。如果枋较小时，不做变化处理，直接水平伸出，显得简洁大方。

4）花架植物的种植。花架需要植物来衬托，因此在设计时要留出攀援植物的种植位置。亭式花架常在圆形座凳与柱子之间留有空隙地，以便栽植攀援植物；廊式花架的台基外侧若为硬质铺地，则应留有种植池或花台，以便种植攀援植物。

6. 山石

（1）假山　是指用许多小块的山石堆叠而成的具有自然山形的景观建筑小品。假山的设计源于我国传统园林，"叠山置石"是中国传统造园手法的精华所在，堪称世界造景一绝。在现代景观中，常把假山作为人工瀑布的承载基体，并作为点景小品来处理（图3-102、图3-103）。中国传统的选石标准是透、漏、瘦、皱、丑，而如今的选石范围则宽泛了许多，即所谓"遍山可取，是石堪堆"，根据现代叠山审美标准广开石路，各创特色。假山山石的选用要与整个地形、地貌相协调。一座假山不要多种类山石混用，以免不易做到质、色、纹、体、姿的一致。山石的造型注重崇尚自然、朴实无华，整体造型既要符合自然规律，还要高于自然审美。

（2）置石小品　是指景观中一至数块山石稍加堆叠，或不加堆叠而散布置所形成的山石景观。置石小品虽没有山的完整形态，但作为山的象征，常被用作景观绿地点缀、添景、配景以及局部空间的主景

图3-100　亭式花架

图3-101　廊式花架

图3-102 园林假山

图3-103 假山与水景

等，以点缀环境，丰富景观空间内容。根据置石方式的不同，可分为独置山石、聚置山石、散置山石。

1）独置山石。将一块观赏价值较高的山石单独布置成景，独石多为太湖石，常布置于局部空间的构

图中心或视线焦点处（图3-104）。

2）聚置山石。将数块山石稍加堆叠或作近距离组合设置，形成具有一定艺术表现力的山石组合景观，常置于庭院角落、路边、草坪、水际等。组合时，要求石块大小不等，分布疏密有致、高低错落，切忌对称式或排列式布置（图3-105）。

3）散置山石。指用多块大小不等，形态各异的山石在较大范围内分散布置，用以表现延绵山意，常用于山坡、路旁或草坪上等。

7. 汀步

汀步是置于水中的步石，也称为跳桥，供人蹑步行走、通过水面，同时也起到分隔水面、丰富水面景观内容的作用。汀步活泼自然、富有情趣，常用于浅水河滩、平静水池、山林溪涧等地段，宽阔而较深的湖面上不宜设置汀步（图3-106、图3-107）。

图3-104 独置山石

图3-105 聚置山石

图3-106 圆汀步

图3-107 方汀步

汀步的材料常选用天然石材，或用混凝土预制或现浇。近年来，以汀步点缀水面亦有许多创新实例，汀步的布置有规则式和自由式两种，常见形式有：自然块石汀步、整形条石汀步、自由式几何形汀步、荷叶汀步、原木汀步等。汀步除可在平面形状上变化外，在高差上亦可变化，如荷叶汀步片片浮于水面上，造型大小不一，高低错落有致，游人越跨水面时，更增加了与水面的自然、亲切感。

汀步设计要注意，汀步的石面应平整、坚硬、耐磨，汀步的基础应坚实、平稳，不能摇摇晃晃。石块不宜过小，一般在400mm×400mm以上；石块间距不宜过大，通常在150mm左右；石面应高出水面60~100mm；石块的长边应与汀步前进方向垂直，以便产生稳定感。当水面较宽时，汀步的设置应曲折有变化。同时要考虑两人相对而行的情况，因此汀步应错开并增加石块数量，或增大石块面积。

8. 步石

步石是指布置在景观绿地中，供人欣赏和行走的石块。步石既是一种小品景观，又是一种特殊的园路，具有轻松、活泼、自然的个性。步石，按照材料不同，分为天然石材步石和混凝土块步石；按照石块形状不同，分为规则形和自然形（图3-108）。

步石设计要注意，步石的平面布局应结合绿地形式，或曲或直，或错落有致，且具有一定方向性。石块数量可多可少，少则一块，多则数十块，这要根据具体空间大小和造景特色而定。石块表面应较为平整，或中间微微凸起，若有凹隙则会造成积水，影响行走和安全。石块间距应符合常人脚步跨距要求，通常不大于600mm；步石设置宜低不宜高，通常高出草坪地面60~70mm，过高会影响行走安全。

三、设施小品

设施小品是指为人们提供娱乐休闲、便利服务的小型景观小品。这些小品没有建筑小品那样大的体量和明确的视觉感，但能为人们提供方面，是人们游览观景时必不可少的设施。设施小品大致可分为两大类：休闲娱乐设施小品和服务设施小品。前者包括园桌、园椅、园凳、儿童游乐设施等；后者包括园灯、电话亭、垃圾桶、指示牌、宣传栏、邮筒等。

1. 园桌、园椅、园凳

公共景观中常设置一些桌、椅、凳供人们休息、看书、棋牌娱乐等用，也可以点缀风景。在景观绿地的边缘，安置造型别致的椅凳，会令空间显得更为生动亲切；在丛林中巧置一组树桩形的园桌与座凳，或设置一组天然景石桌凳，会使人顿觉林间生机盎然、幽静舒爽；在大树浓荫下，设置两组石桌凳，会使本无组织的自然空间变为有意境的景观空间（图3-109）。

桌、椅、凳的布置，多在景观中有特色的地段，如湖畔、池边、岸边、岩旁、洞口、林下、花间、台前、草坪边缘、布道两侧、广场之中，一些零星散置的空地也可设置几组椅凳加以点缀。园桌与椅凳的造型、材质的选择要与周围环境相协调，如中式亭子内摆一组陶瓷，古香古色；大树浓荫下一组树桩形桌凳，自然古朴；城市广场中几何形绿地旁的座椅则要设计得精巧细腻、现代前卫。园桌和椅凳的设计尺度

（a）

（b）

图3-108　步石

（a）

（b）

图3-109　石桌与石凳

图3-110 建筑景观园灯

图3-111 道路园灯

要适宜，其高度应以大众的使用方便为准则，如凳高450mm左右。桌高700～800mm，儿童活动场所的桌椅凳尺度应符合儿童身高。

2. 园灯

园灯是景观中具有照明功能的设施小品。白天，园灯可点缀环境，其新颖的造型往往成为视觉亮点；夜间，园灯为人们休闲娱乐提供照明条件，并具有美化夜间景色的作用，使之呈现出与白天自然光照下完全不同的视觉效果，从而丰富景观的观赏性（图3-110、图3-111）。园灯造型多样，高矮不一，按使用功能的不同大致可分为3类。

（1）引导性园灯 能让人们循着灯光指引游览景观的园灯，它纯属引导性的照明用灯。常设置于道路两侧或草坪边缘等地，有些灯具可埋入地下，因此也常设于道路中央。引导性园灯的布置要注意灯具与灯具之间的呼应关系，以便形成连续的"灯带"，创造出一种韵律美。

（2）大面积照明灯 用于大环境的夜间照明，起到勾画景观轮廓、丰富夜间景色的作用，这样人们借助灯光可以欣赏到不同于白天的景色，此类园灯常设置于广场、花坛、水池、草坪等处。

（3）特色照明灯具 用于装饰照明，这类园灯不要求有很高的亮度，而在于创造某种特定的气氛、点缀景观环境，如我国传统园林中的石灯等。

在真正的实际运用中，每类园灯的功能不是单一的，它可能兼顾有很多用途。而且在设计中，根据具体情况可使用多种类型的照明方式。园灯造型、尺度

的选择要根据环境情况而定。总之，园灯作为室外灯，多作远距离观赏，因此灯具的造型宜简洁质朴，避免过于纤细或过多繁琐的装饰。而在某些灯光场景设计中，往往将园灯隐藏，只欣赏其灯光效果，为的是产生一种令人意想不到的新奇感。

四、雕塑小品

雕塑是根据不同的题材内容进行雕刻、塑造出来的立体艺术形象，分为圆雕和浮雕两大类。景观中雕塑小品多为圆雕，即多面观赏的立体艺术造型。浮雕是在某一材料或建构物平面上雕刻出的凸起形象，现代一些高档小区的墙面上经常使用这种艺术手法。雕塑是一种具有强烈感染力的造型艺术，它们源于生活，却赋予人们比生活本身更完美的欣赏和趣味，它能美化人的心灵，陶冶人的情操（图3-112、图3-113）。

图3-112 具象人物造型雕塑

图3-113 文字造型雕塑

古今中外，优秀的景观都成功地融合了雕塑艺术的成就。我国古典园林中，那些石龟、铜牛、铜鹤的配置，具有极高的欣赏价值。西方的古典景观更是离不开雕塑艺术，尽管配置得比较庄重、严谨，但也创造出浓郁的艺术情调。现代景观中的雕塑艺术，表现手段更加丰富，可自然可抽象，可严肃可浪漫，表现题材更加广泛，这要根据造景的性质、环境、条件而定。

雕塑按材料不同，可分为石雕、木雕、混凝土雕塑、金属雕塑、玻璃钢雕塑等。不同材料具有不同的质感和造型效果，如石雕、木雕、混凝土雕塑朴实、素雅；金属雕塑色泽明快而且造型精巧，富于现代感（图3-114、图3-115）。

雕塑按表现题材内容不同，可分为人物雕塑、动物雕塑、植物雕塑、山石雕塑、几何体雕塑、抽象形体雕塑、历史神话传说故事雕塑和特殊环境下的冰雪雕塑。人物雕塑一般是以纪念性人物和情趣性人物为题材，如科学家、艺术家、思想家或普通人的生活造型；动物雕塑多选择象征吉祥或为人们所喜爱的动物形象，如大象、鹿、羊、天鹅、鹤、鲤鱼等；植物雕塑有树桩、树木枝干、仙人掌、蘑菇等；抽象形体雕寓意深奥，让人循题追思不无逸趣；几何雕塑以其简洁抽象的形体给人以美的艺术享受。

雕塑小品的设计有以下要点：

1）雕塑小品的题材应与景观的空间环境相协调，使之成为环境中的一个有机组成部分。如林缘草坪上可设置大象、鹿等雕塑；水中、水际可使用天鹅、鹤、鱼等雕塑；广场和道路休息绿地可选用人物、几何体、抽象形体雕塑等。

2）雕塑小品的存在有其特定的空间环境、特定的观赏角度和方位。因此，决定雕塑的位置、尺度、色彩、形态、质感时，必须从整体出发，研究各方面的背景关系，决不能只孤立地研究雕塑本身。雕塑的大小、高低更应从建筑学的垂直视角和水平视野的舒适程度加以推敲。其造型处理甚至还要研究它的方位朝向以及一天内太阳起落的光影变化。

3）雕塑基座的处理应根据雕塑的题材和它们所处的环境来定，可高可低，可有可无，甚至可直接放在草丛和水中。现代城市景观的设计，十分重视环境的人性化和亲切感，雕塑的设计也应采用接近人的尺度，在空间中与人在同一水平上，可观赏、可触摸、可游戏，增强人的参与感。

图3-114 石雕

图3-115 铜雕

－ 补充要点 －

园林景观小品常用材料

1. 石材。石材在园林景观中使用非常广，如石刻书法绘画、假山、石凳、石匾额、石灯、石台阶等几乎是无石不园。石材的类别很多，自然花纹很美的、体块较大的石材，一般都作为观赏景石放置在园林中。这些景石既可孤立独赏，也可组成石群共赏。

2. 鹅卵石。鹅卵石有大有小，色彩一般有黑色系、黄色系以及人造的白色系。因为它外形圆滑，不尖锐，所以一般用来铺小路或者小溪底面，水池旁也较多。

3. 砂砾。砂砾一般有白砂砾、灰砂砾、黄砂砾。砂砾的尺寸较多，在园林景观里常被用于枯山水中代替水。

4. 砖、瓦。砖、瓦是人工加工生产出的材料，虽不是自然材料，但因原材料是泥，常被使用在园林景观设计中，例如，青砖可以砌花坛、砌墙、铺路等。

5. 竹材。在园林景观中，竹子常被做成竹篱笆，起到空间分隔的作用，也起到了美化装饰的作用。此外，用竹子做的花架、绿廊、休息亭等也都有其独特的造型装饰效果。

6. 木材。木材给人们的感觉自然温馨，无污染。用木材做成的庭院中的亭、榭、楼、阁、桥，在中国传统园林中运用得非常广，例如公共设施中的休息廊架、花架、木架、标志牌等。

7. 瓷器材料。瓷器桌凳在园林景观中可以增添情趣，不怕雨淋日晒。瓷器花窗精致典雅，可以为庭院增色。瓷器与漆器结合的插屏、对联，瓷器花瓶的摆设，可以为厅堂增辉，瓷器花盆、紫砂花盆以及瓷器茶具都是园林景观中不可缺少的摆设。

8. 植物。用植物营造环境是人们最喜欢的一种造园方式，植物可以减少噪声，防高温、防风沙，植物的枝叶能截住降水，吸取降水，减少雨水对土壤的冲蚀，起到调节雨量的作用。同时，植物的配置可以美化环境、渲染环境、调节环境气氛，又会给人们带来赏心悦目、丰富多彩的美丽画面。

9. 金属材料。金属材料以前在中国园林景观中运用得不是太多。欧式花园中的围合栅栏则常用铸铁工艺来表现，铸铁工艺的花纹非常丰富，用在公共设施上也很普遍，例如铁桥、路灯、庭院灯、花架、座椅、垃圾箱、工艺花铁门等。近几年来，中国也逐渐流行起这种装饰方法，私家小花园、小区花园、公园中随处可见用铸铁工艺制造的栅栏、路灯、铁艺门、座椅等。

10. 人工材料。社会经济在日新月异地迅猛发展，人工材料不断被开发使用，新材料的出现也举不胜举。人工材料很多，例如铺装新材料中包括有渗透的人工地砖块、防滑有弹性的人工地砖、水泥预制砖块等，它们在公园中被广泛应用。

课后练习

1. 园林景观地面铺装的分类依据有哪些？并具体说说其分类。
2. 园林景观地面铺装的设计要点有哪些？
3. 园林景观的叠石方法有哪些？
4. 园林景观植物配置应注意哪些要点？
5. 分别列举出园林景观中静态水景与动态水景的一两个实例。
6. 园林景观小品设计的类型有哪些，具体内容是什么？

4

第四章

园林景观
设计原理
与基础

学习难度：★★★★☆

核心概念：设计形式、空间距离、步骤

PPT课件，请在计算机里阅读

◀ 章节导读

　　园林景观设计的特点是有较强的综合性，要求做到经济、实用、美观三者之间的辩证统一。三者之间的关系是相互依存，不可分割的。同任何事物发展规律一样，根据不同性质、不同类型、不同环境的差异，彼此之间有所侧重。先要考虑适用的原则，因地制宜，具有一定的科学性，园林景观功能适合于服务对象。适用的观点带有永恒性和长久性。其次要考虑经济问题。正确的选址，因地制宜，巧于因借，就可以减少大量的投资，也解决了部分经济问题。园林景观设计要根据建设性质确定必要的投资，也要考虑美观，即满足园林布局，造景的艺术要求。在某些条件下美观要求提到最重要的地位，美观本身就适用，就是观赏价值。

第一节　空间造型基础

　　现代景观的构成元素多种多样，造型千变万化，这些形形色色的元素造型实际上可看成是简化的几何形体削减、添加的组合。也就是说，景观形象给人的感受，都是以微观造型要素的表情特征为基础的。点、线、面、体是景观空间的造型要素，掌握其语言特征是进行园林景观设计的基础。

一、点

　　点是构成形态的最小单元，点排列成线，线堆积成面，面组合成体。点既无长度，也无宽度，但可以表示出空间的位置，当平面上只有一个点时，视线会集中在这个点上。点在空间环境里具有积极的作用，并且容易形成环境中的视觉焦点。例如，一件雕塑、一把座椅、一个水池、一个亭子，甚至是草坪中一棵孤植树都可看成景观空间中的一个点（图4-1～图4-4）。园林景观空间里某些实体形态被看成点，完全是取决于人们的观察位置、视野和这些实体的尺度与周围环境的比例关系。因此，点是一种轻松、随意

图4-1　广场中的雕塑

图4-2　公园里的座椅

图4-3　公园里的亭子

图4-4　草坪上的孤树

图4-5　铁轨旁的立柱

的装饰元素，是园林景观设计的重要组成部分。

二、线

图4-6　穿廊

　　线是点的无限延伸，具有长度和方向性。真实的空间中是不存在线的，线只是一个相对而言的概念。空间的线性物体是具有宽窄粗线的，之所以被当成一条线，是因为其长度远远超过它的宽度。线具有极强的表现力，除了反映面的轮廓和体的表面状况外，还给人的视觉带来方向感、运动感和生长感，即所谓"神以线而传，形以线而立，色以线而明"。园林景观中形形色色的线可归纳为直线和曲线两大类，直线是最基本也是运用得最为普遍的一种线型，给人以刚硬、挺拔、明确之感，其中粗直线强力、稳重，细直线敏锐、脆弱。直线形态的设计有时是为了体现一种崇高、胜利的象征，如人民英雄纪念碑、方尖碑等；有时是用来限定通透的空间，这种手法较常用，如公园中的花架、廊柱等（图4-5、图4-6）。

图4-7　曲线拱桥

　　曲线具有柔美、流动、连贯的特征，它的丰富变化比直线更能引起人们的注意。中国园林景观艺术就注重对曲线的应用，表现出造园的风格和品位，体现出师法自然的特色。几何曲线如圆弧、椭圆弧给人以规则、圆浑、轻快之感，而螺旋曲线富有韵律和动感。自由曲线如波形线、弧线，与几何曲线不同的是，它们显得更自由、自然，更抒情、奔放（图4-7、图4-8）。

　　线在景观空间中无处不在，横向如蜿蜒的河流、交织的公路、道路的绿篱带等，纵向如高层建筑、环境中的柱子、照明的灯柱等，都呈现出线状，只是线

图4-8　曲线道路

的粗细不一样。在绿化中，线的运用最具特色，更把绿化图案化、工艺化，线的运用是基础，绿化中的线不仅具有装饰美，而且还充溢着一股生命活力的流动美。

三、面

面是指线移动的轨迹，和点、线相比，它有较大的面积，很小的厚度，因此具有宏大和轻盈的表情。几何形的面在景观空间中最常见，如方形面单纯、大方、安定，圆形面饱满、充实、柔和，三角形面稳定、庄重有力。几何形的斜面还具有方向性和动势。有机型的面是一种不能用几何方向求出的曲面，它更富于流动和变化，多以可塑性材料制成，如拉膜结构、充气结构、塑料房屋或帐篷等形成的有机形的面（图4-9、图4-10）。不规则形的面虽然没有秩序，但比几何形的面更自然，更富有人情味，如中国园林中水池的不规则平面、自然发展形成的村落布置等。在景观空间中，设计的诸要素如色彩、肌理、空间等都是通过面的形式充分体现出来的，面可以丰富空间的表现力，吸引人的注意力。面的运用反映在下述三个层面。

1. 顶面

顶面可以是蓝天白云，也可以是浓密树冠形成的覆盖面，或者是亭、廊的顶面，它们都属于景观空间中的遮蔽面（图4-11、图4-12）。

2. 围合面

从视觉、心理及使用方面限定空间或围合空间的面，它可虚可实，或虚实结合，围合面可以是垂直的墙面、护栏，也可以是密植较高的树木形成的树屏，或者是若干柱子呈直线排列所形成的虚拟面等，另外，地势的高低起伏也会形成围合面（图4-13、图4-14）。

3. 基面

景观中的基面可以是铺地、草地、水面，也可以是对景物提供的有形支撑面，基面支持着人们在空间中的活动，如走路、休息、划船等（图4-15、图4-16）。

图4-9　景观中的拉膜结构

图4-10　景观中的充气结构

图4-11　天空顶面

图4-12　亭子顶面

图4-13　围栏

图4-14 围墙

图4-15 休息区地面

图4-16 湖面

图4-17 景观亭

图4-18 景观石

四、体

体是由面移动而成的，它不是靠外轮廓表现出来，而是从不同角度看到的不同形貌的综合。体具有长度、宽度和深度。体可以是实体（由体部取代空间），也可以是虚体（由面状形所围合的空间）。体的主要特征是形，形体的种类有长方体、多面体、曲面体、不规则形体等。体具有尺度、重感和空间感，体的表情是围合它的各种面的综合表情。宏伟、巨大的形体如宫殿、巨石等，引人注目，并使人感到崇高敬畏；小巧、亲切的形状如洗手钵、园灯等，则惹人喜爱，富有人情味（图4-17、图4-18）。

如果将以上大小不同的形状各自随意缩小或放大，就会发现它们失去了原来的意义，这表明体的尺度具有特殊作用。在景观环境中，大小不同的形体相辅相成，各自起到不同的作用，使人们感受到空间的宏伟壮丽，也具有亲切的美感。景观中的体可以是建筑物、构筑物，也可以是树木、石头、立体水景等，它们多种多样的组合丰富了景观空间。

- 补充要点 -

园林景观用地功能设计

园林景观用地的情况要进行分析。要丈量面积，对地质状况、地下管道敷设情况、地下周边情况、地理位置进行细致的分析。园林景观的地基大小、朝向、地势高低并无限制，只需因势利导，因地制宜，做好园林景观用地的功能区划设计。方者就其方，圆者就其圆，坡者顺其坡，曲者顺其曲，地形阔而倾斜的可以设计成台地，高处建亭台，低处凿地沼。现代小区建筑之间的间隙地造园，以曲径、草坪、亭、廊、水池、假山、竹木、花坛点缀，设计出观赏区、休闲区、健身区、儿童活动场所和网球、篮球场地，尽量做到功能性、观赏性和艺术性有机结合。

第二节　空间的限定手法

园林景观设计是一种环境设计，也可以说是"空间设计"，目的在于提供给人们一个舒适而美好的外部休闲憩息的场所。园林景观形式的表达，乃得力于园林空间的构成和组合，空间的限定为这一实现提供了可能。空间的限定是指使用各种空间造型手段在原空间中进行划分，从而创造出各种不同的空间环境。景观空间是指人在视线范围内，由树木花草（植物）、地形、建筑、山石、水体、铺装道路等构图单体所组成的景观区域。常见的空间限定手法有围合、覆盖、高差变化、地面材质变化等。

一、围合

围合是空间形成的基础，也是最常见的空间限定手法。室内空间是由墙面、地面、顶面围合而成的；室外空间则是更大尺度的围合体，它的构成元素和组织方式更加复杂。景观空间常见的围合元素有建筑物、构筑物、植物等，由于围合元素构成方式的不同，被围起的空间形态也有很大不同（图4-19~图4-22）。人们对空间的围合感是评价空间特征的重要依据，空间围合感受有下述几方面影响。

1. 围合实体的封闭程度

单面围合或四面围合对空间的封闭程度明显不同，研究表明，实体围合面积达到50%以上时可建立有效的围合感，单面围合所表现的领域感很弱，仅有沿边的感觉，更多的只是一种空间划分的暗示。当然，在设计中这要看具体的环境要求，选择相宜的围合度。

图4-19　景观家具围合空间

图4-20　湖面围合空间

图4-21　顶棚围合空间

图4-22　座椅与围栏围合空间

2. 围合实体的高度

空间的围合感还与围合实体的高度有关，当然这是以人体的尺度为参照的。

以在空地的四周砌砖墙为例：当墙体高度在0.4m时，围合的空间没有封闭性，仅仅作为区域的限制与暗示，而且人极易穿越这个高度，在实际运用中，这种高度的墙体常常结合休息座椅来设计。当墙体高度为0.8m时，空间的限定程度较前者稍高一些，但对于儿童的身高尺度来说，封闭感已相当强了，因此儿童活动场地周围的绿篱高度多半以这个标准为准。当墙体达到1.3m高度时，成年人的身体大部分都被遮住了。有了一种安全感，如果坐在墙下的椅子上，整个人还能被遮住，私密性较强，因此在室外环境中，常用这个高度的绿篱来划分空间或作为独立区域的围合体。当墙体高度达到1.9m以上时，人的视线完全被挡住，空间的封闭性急剧加强，区域的划分完全确定下来，当采用此种高度的绿篱带时也能达到相同效果。

3. 实体高度和实体开口宽度的比值

实体高度（H）和实体开口宽度（D）的比值也在很大程度上影响到空间的围合感。当$D/H<1$时，空间犹如狭长的过道，围合感很强；当$D/H=1$时，空间围合感较前者弱；当$D/H>1$时，空间围合感更弱，尤其是随着当D/H的比值增大，空间的封闭性也越来越差。

二、覆盖

覆盖是空间的四周是开敞的，而顶部用构件限定。这如同我们下雨天撑的伞一样，伞下就形成了一个不同于外界的限定空间。覆盖有两种方式：一种是覆盖层由上面悬吊，另一种是覆盖层的下面有支撑。例如，广阔的草地上有一棵大树，其茂盛繁密的大树冠像撑开的一把大伞覆盖着树下的空间，人们聚在树下聊天、下棋等。再如，轻盈通透的单排柱花架，或单柱式花架，它们的顶棚攀援着观花蔓木，顶棚下限定出了一个清净、宜人的休息环境（图4-23、图4-24）。

图4-23 自然植物覆盖空间

图4-24 人工绿化覆盖空间

三、高差变化

利用地面高差变化来限定空间也是较常见的手法。地面高差变化可创造出上升或下沉空间，上升空间是指在较大空间中，将水平基面局部抬高，被抬高空间的边缘可限定出局部小空间，从视觉上加强了该范围与周围地面空间的分离性；下沉空间与前者相反，是将基面的一部分下沉，明确出空间范围，这个范围的界限乐意用下沉的垂直表面来限定。

上升空间具有突出、醒目的特点，容易成为视觉焦点，如舞台等。它与周围环境之间的视觉联系程度，受抬高尺度的影响：当基面抬高较低时，上升空间与原空间具有极强的整体性；当抬高高度稍低于视线高度时，可维持视觉的连续性，但空间的连续性中断；当抬高高度超过视线高度时，视觉和空间的连续性中断，整个空间被划分为两个不同空间（图4-25）。

图4-25　上升空间的高差变化

图4-26　下沉空间的高差变化

图4-27　花岗岩地面

图4-28　花岗岩与鹅卵石地面

图4-29　鹅卵石地面

下沉空间具有内向性和保护性，如常见的下沉广场，它能形成一个和街道的喧闹相互隔离的独立空间。下沉空间就视线的连续性和空间的整体性而言，随着下降高度的增加而减弱。当下降高度超过人的视线高度时，视线的连续性和空间的整体感完全被破坏，使小空间从大空间中完全独立起来。下沉空间同时可借助色彩、质感和形体要素的对比处理，来表现更具目的和个性的个体空间（图4-26）。

四、地面材质变化

通过地面材质的变化来限定空间，其程度相对于前面两种来说要弱些，它形成的是虚拟空间，但这种方式运用较为广泛。地面材质有硬质和软质之分，硬质地面指铺装硬地，软质地面指草坪。如果庭院中既有硬地也有草坪，因使用的地面材质不同，呈现出两个完全不同的区域，一个可供人行走，另一个却不一定，因此在人的视觉上形成两个空间。硬质地面可使用的铺装材料有水泥、砖、石材、卵石等，这些材料的图案、色彩、质地丰富，又为通过地面材质的变化来限定空间提供了条件（图4-27～图4-30）。

图4-30　草坪地面

— 补充要点 —

园林景观的视觉方式

1. 障景。是对一些不必要的干扰景观因素加以遮挡，如现代的电线杆、烟囱或风格不协调的建筑物。用设置景观墙、假山乃至屏风、山墙，都可以有障景的作用。

2. 对景。是对一些经典景观的观赏位置进行特别的设计，如厅堂外景观直收眼底。对景的位置，可以直对门、直对窗、直对厅、直对大道必经之地，或者直对湖光山色、片山玲珑、飞檐翘角、古塔、寺院、松枫、湖石。

3. 框景。往往是与门框联系在一起的，框景的媒介可以是门框、窗框、也可以是墙体。花瓶形门、什锦花窗都是以框景的构图画面，一丛花木不成画，而使用景窗框景以后，就能形成折枝画本，有了宋代花鸟画的意境。

第三节　空间尺度比例

景观空间设计的尺度和建筑设计的尺度一样，都基于对人体的参照，即景观空间是为人所用，必须以人为尺度单位，要考虑人身处其中的感觉。景观环境给人们提供了室外交往的场所，人与人之间的距离决定了在相互交往时何种渠道成为最主要的交往方式，并因此影响到景观设计中的空间尺度。人类学家霍尔将人际距离概括为四种：密切距离、个人距离、社会距离和公共距离。

一、密切距离

0~450mm，小于个人空间，可以互相体验到对方的辐射热、气味，是一种比较亲昵的距离，但在公共场所与陌生人处于这一距离时会感到严重不安。

二、个人距离

450~1200mm，与个人空间基本一致，处于该距离范围内，能提供详细的信息反馈，谈话声音适中，言语交往多于触觉，适于亲属、密友或熟人之间的交谈。因为公共场所的交流活动多发生在不相识的人们之间，空间环境的设计既要保证交流的进行，又要不过多侵害个体领域的需求，以免因拥挤而产生焦虑感。因此，在室外环境中涉及休息区域的设计时，保证人们可以占有600mm半径以上的空间范围是很重要的（图4-31）。

三、社会距离

1.2~3.6m，指邻居、朋友、同事之间的一般性谈话的距离。在这一距离，除手接触外，身体接触已不可能，由视觉提供的信息没有个人距离时详细，彼此保持正常的声音水平。观察发现，若熟人在这一距离出现，坐着工作的人不打招呼继续工作也不为失礼；反之，若小于这一距离，工作的人不得不打招呼。

图4-31　个人距离

图4-32　公共距离

四、公共距离

3.6～8m或更远的距离，这是演员或政治家与公众正规接触的距离。这一接触无视觉细部可见，为了正确表达意思，需提高声音，甚至采用动作辅助言语表达（图4-32）。

当距离在20～25m时，人们可以识别对面人的脸，这个距离同样也是人们对这个范围内的环境变化进行有效观察的基本尺度。研究表明，如果每隔20～25m，景观空间内有重复的变化，或是材料，或是地面高差，那么，即使空间的整体尺度很大，也不会产生单调感。这个尺度也常被看成外部空间设计的标准，空间区域的划分和各种景观小品如水池、雕塑的设置都可以此为单位进行组织。

当距离超出110m的范围时，肉眼只能辨别出大致的人形和动作，这一尺度可作为广场尺度，能形成宽广、开阔的感觉。

日本建筑师芦原义信研究实体（植物、建筑、地形等空间境界物）的高度（H）和间距（D）之间的关系。当实体孤立时，在其周围存在着扩散性的消极空间，这个实体可被看成雕塑性的、纪念碑性的；当实体高度大于实体间距时，空间会有明显的紧迫感，封闭性很强；当实体间距大于实体高度甚至呈倍数增大时，实体之间的相互影响已经薄弱了，形成了一种空间的离散。芦原义信提出了1/10理论，即为了营造同样氛围的空间环境，外部空间可采用内部空间尺寸8～10倍的尺度。因此，熟练掌握和巧妙运用这些尺度对于景观空间设计相当重要。

— 补充要点 —

园林景观的尺度比例

1. 壶中天地，小中见大。"壶中天地大，袖里乾坤宽"是道家神仙的典故，用于形容园林设计的方法。小中见大，是风景园林设计的基础尺度。风景园林设计，在尺度比例上要有咫尺千里之势，形成咫尺清幽、远离喧器的效果。在景观安排上园中有园，小中见大是中国园林设计的特点。

2. 一池三山，以少胜多。环绕一池曲水，叠山构筑亭台，这种造景思想，无论在皇家园林还是私家园林都可以找到。"一池三山"式的中国古典园林设计是海上仙山蓬莱、方丈、瀛洲，用象征性的手法，"澄澜方丈若万顷，倒影咫尺如千寻"，从方丈之水中体察碧波万顷，在咫尺之中感悟千寻倒影。

3. 曲折有致，虚实相生。盆景艺术在造园中的作用，是一寸三弯、曲中见长，"大中见小，小中见大，虚中有实，实中有虚，或藏或露，或浅或深"，在平面上以曲折分隔，在高度上以多层空间，周回曲折，要取得最大的空间效果。

第四节　设计原则与步骤

一、园林景观设计原则

1. 自然性原则

公园设计最基本的是自然绿地占有一定面积的环境。因此实现自然环境要依靠设计的自然性原则。自然环境是以植物绿地、自然山水、自然地理位置为主要特征，但也包含人工仿自然而造的景观，如人工湖、山坡、瀑布流水、小树林等。人工景色的打造尤其需要与自然贴近，与自然融合（图4-33）。

遵守自然性原则首先要对开发公园的现场做合理的规划，尽可能保留原有的自然地形与地貌，保护自然生态环境，减少人为的破坏行为。对自然现状加以梳理、整合，通过锦上添花的处理，让自然显现得更加美丽。遵守自然性原则要处理好自然与人工的和谐

问题。比如在一些不协调的环境进行植物遮挡处理；生硬的人工物体周围可以用栽植自然植物的方法减弱和衬托，尽可能使环境柔和，让公园体现出独特的自然性。同时，尽可能用与自然环境相协调的材料，例如，木材、竹材、石材、砂砾、鹅卵石等，这样可以使公园环境更加自然化（图4-34）。

2. 人性化原则

公园环境是公共游乐环境，是面向广大市民开放的，是提供广大市民使用的公共空间环境。公园内的便利服务设施有：标志、路牌、路灯、座椅、饮水器、垃圾箱、公厕等，必须根据实地情况，遵循"以人为本"的设计原则，合理化配置（图4-35、图4-36）。

人性化的设计可以体现在方方面面，应处处围绕

图4-33　水景的自然性

图4-34　道路铺装自然性

图4-35　设置休闲座椅

图4-36　桥梁设计缓坡

不同人群的使用进行思考和设计，让使用者处处感到设计的温馨，体验到设计者对他们无微不至的关爱，使人性化设计落实到每一个细小之处。比如，露天座椅配置在落叶树下，冬天光照好，夏天可以遮荫。再如，步道两侧是否有树荫；设计中的台阶高度、坡度以及地面的平滑程度都是我们应该关注的。

3. 安全性原则

公园环境的公共性意味着众多人群使用的环境，那么安全问题应是很重要的问题。公共设施的结构、制作是否科学合理，使用的材料是否安全等都是设计师应该注意的，特别是大型游具、运动器材的安装必须牢固，定期检查更换消耗磨损的零件，严格遵守安全设计原则，避免造成事故。如车道与步道的合理布局；湖边或深水处考虑设置警告提示牌或安装护栏等，避免一切可能发生的危险。植物栽植要避开栽有毒植物，如夹竹桃等。儿童游乐园的地面铺装是否安全，游戏器材的周边有无安全设置等都需要仔细设计和思考，把事故降低到零的设计才是落实安全性原则的根本（图4-37、图4-38）。

二、园林景观设计步骤

不同类型的园林景观设计有所不同，这里对主题公园的一般性设计程序作一个简单的介绍，仅作参考。

无论设计什么类型的公园，只要做到设计目的明确、功能要求清楚、设计科学合理，那么我们的设计就不会出现盲目，设计就会得到合理化的实现。设计

前首先要有正确的设计理念，有整体的设计思考，而这个设计思考就是建立在设计前的调查基础之上的。

1. 调查收集资料

设计前的调查十分重要，它是设计的依据，设计中要不停地思考采纳调查的资料，一般的调查主要有以下内容：

1）实地调查：包括地势环境、自然环境、植物环境、建筑环境、周边环境等，对现场哪些是该保留的部分、哪些是要遮挡的部分等进行初步认定和大致设想。同时进行测量、拍照、作现场草图的关键记录。

2）收集资料，信息交流。了解地方特色、传统文脉、地方文化、历史资料等，对综合资料信息有个明确的认知。

3）根据调查，分析定位。在资料收集后进行各种分析，与投资方交流磋商，求得共识之后进行设计定位，确定公园的主题内容。

2. 构思构图概念性设计

设计定位后在调查的基础上开始整体规划，在公园总平面图上对公园面积空间初步进行合理的布局和划分，勾画草图设计第一稿。

（1）功能区域规划分析图　包括公园内功能区域的合理划分和大致分布，整体规划设计草图。围绕公园内的主题，对中心活动区域、休息区域、观赏区域、花园绿地、山石水景、车道步道等进行大致规划设计。然后再大的规划图中分别作不同种类的分析图，如功能区域分析图、道路分析图、视点分析图、景观节点分析图等，同时还可调整大规划图的不足

图4-37　拉索桥加强结构

图4-38　设置警示牌

（图4-39）。

（2）景观建筑分布规划图　包括桥、廊、亭、架等的面积、大小、位置的平面布局（图4-40）。构思平面的同时，设计出大体建筑造型式样草图，包括效果图、立面图。

（3）植物绿地的配置图　凡是公园都少不了植物绿地，植物绿地的面积划分、布局以及关键处的植物类型的指定，在规划时都要大致有个整体配置草图，可以体现植物绿化面积在公园中所占比例，突出自然风景（图4-41）。

（4）设计说明　设计说明一般是在设计理念确定后，在设计前调查分析的基础上撰写的设计思考，解决设计中的诸多问题及设计过程都是撰写设计说明的有力依据。设计说明不是说大话、说漂亮话，而是实实在在写解决问题的巧妙方法，写如何执行设计理念的过程，写如何体现方案的优越性，充分亮出设计中的精彩处。要写出设计的科学规划与合情合理的设计布局，总结设计构思、创意、表现过程，突出公园设计主题以及功能等要素，阐明公园设计的必要性（图4-42）。

3. 设计制图正式图纸

总规划方案基本通过和认可后，进行方案的修改、细化、具体和深入设计。

（1）总规划图的细化设计　总规划图仅仅是大概念图，具体还需要分几块来细化完成。一般图纸比例尺在1：100、1：200以下制图为宜，比例尺太大无法细化。图纸是表达设计意图的基本方式，因此，图纸的准确性是实现设计的唯一途径，细化图纸是在严格的尺寸下进行的，否则设计方案无法得以实现。

（2）局部图的具体设计　分块的平面图中不能完全表现设计意图时，往往需要画局部详细图加以说明。局部详细图是在原图纸中再次局部放大进行制作

图4-39　功能区域规划分析图

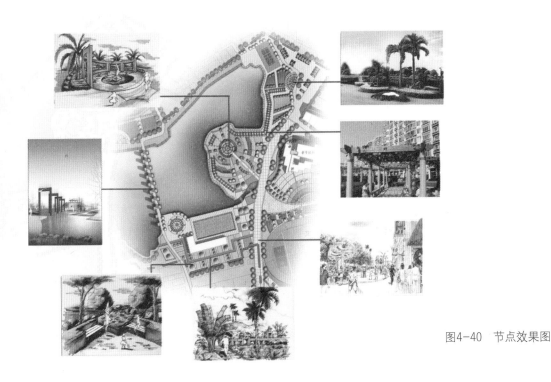

图4-40　节点效果图

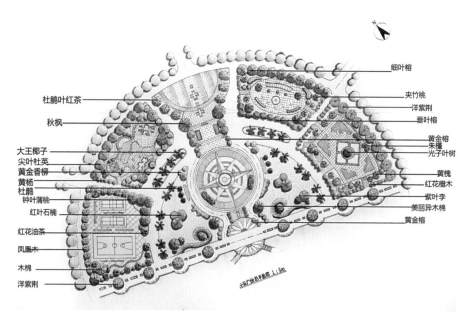

图4-41　植物配置图

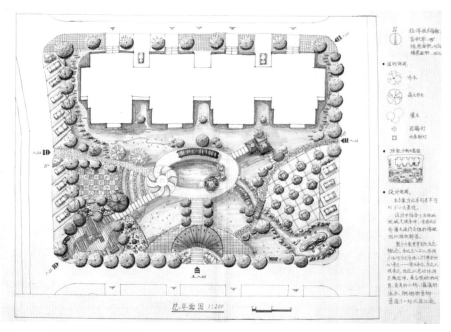

图4-42　设计图与设计说明

的，目的是更加清晰明了地表现设计中的细小部分。

（3）立面图、剖面图、效果图的制作与设计　平面图只能表现设计的平面布局，而公园设计是在三维空间的设计，长、宽、高以及深度的尺寸必须靠正投影的方式画出不同角度的正视、左右侧视、后视的立面图。因此，在平面图的基础上拉进高度，制作立面图。设计中有时对一些特殊的情况要加以说明时，剖面图也是经常要绘制的。例如，高低层面不同、阶层材质不同、上下层关系、植物高低层面的配置等都需要借助剖面图来表达和说明。而效果图则是表现立体空间的透视效果，根据设计者的设计意图选择透视角度。如果想实现实地观看的视觉感，则以人的视觉角度用一点透视来画效果图，其效果图因视觉范围较小，表现的视角内的景物很有限。如果想表现较大、较完整的设计场面，一般采用鸟瞰透视的效果图画法。这要根据设计者的具体设计意图来决定。

（4）材料使用一览表　设计中选用材料也是需要精心考虑的。使用不同的材料，实际效果也会完全不一样，但无论是用什么材料都必须做一个统计，需要有一个明细表，也就是材料使用一览表。再有预算的情况下还必须考虑到使用材料的价格问题，合理地使用经费。使用材料一览表一般要与平面图纸配套，平面图上的图形符号与表中图像符号相一致。这样可以清晰地看到符号代表哪些材料以及使用情况，统计使用的材料可通过一览表的内容做预算。材料使用一览表可以分类制作，如植物使用一览表、园林材料使用一览表、公共设施使用一览表等。也可混合制作在一起。但原则上是平面图纸上的符号与使用材料一览表配套使用，图中的符号必须一致。

4. 设计制作施工图纸

设计正式方案通过，一旦确定施工，图纸一般要做放样处理，变成施工图纸。施工图纸的功能就是让设计方案得到具体实施。

（1）放样设计　图纸放样一般用3m×3m或5m×5m的方格进行放样。可根据实际情况来定，根据图形和实地面积的复杂与简单来定方格大小、位置。有的小面积设计，参照物又很明确的则无需打格放样，有尺寸图就行。放样设计没有固定标准格式，主要以便于指导施工现场定点放样为准，方便施工就行。

（2）施工图纸的具体化设计　施工图内容包括很多，如河床、小溪、阶梯、花坛、墙体、桥体、道路铺装等制作方法，还有公共设施的安装基础图样、植物的栽植要求等。

（3）公共设施配置图　在调查的基础上合理预测使用人数，配置合理的公共设施是人性化设计的具体体现，如垃圾箱放置在什么地方利用率高，使用方便；路灯高度与灯距的设置距离多长才是最经济、最实用的距离。这都是围绕人使用方便的角度去考虑的，不是随意配置。胡乱地配置是一种浪费而不负责的行为，我们应该尊重客观事实合理配置，配置位置按照实际比例画在平面图上。

公共设施不一定是设计师本人设计，可以选择各厂家的样本材料进行挑选。选择样品时要注意与设计的公园环境的统一性，切忌同一功能设施却选用了各种各样的造型设施。比如选择垃圾桶，选了各种各样的造型，放置在一个公园内，则会感到垃圾桶造型在公园中大汇集，这样杂乱的选择会严重破坏环境的整体感，一定要注意避免。

5. 绘图表现

近几年来，我国计算机行业的发展非常迅速，大量的手绘制图被电脑所代替，但在国外，很多设计师仍然留恋手绘方式。在现代计算机绘图中，保留传统的绘画方式自然有其道理。应该学会扬长避短，发挥其中的优势（图4-43）。一般而言，计算机制图省时不省工，它必须在严密的数据之下操作，在很短时间内制作图纸不如手绘快。

手绘图纸在设计思考中徒手而出，利于构思、构图、出效果。手绘图纸具有亲切感，特别擅长表达曲线，柔和的物体方面表现出要比计算机自然（图4-44、图4-45）。虽然计算机图形很真实，但角度的调整、树姿的多变等方面与手绘相比实在不能说方便，计算机制作的图比较生硬，面面俱到。手绘画面可以用艺术手法强调或减弱所想表现的内容。尤其是在画局部小景观时，手绘图纸要方便得多。计算机在绘制大型景观规划时比较擅长，尤其是需要反复修改的图纸，比手绘方便，利于保管。此外，手绘效果图常常在与客户洽谈中，就可以勾勒出草图来，可随时与客户交谈决定最初方案。手绘的优点大大超过计算机的方便，因此国外至今保留了手绘效果图的传统。设计精彩动人的效果图往往会打动人的心灵，像艺术作品一样被人们采纳、欣赏。

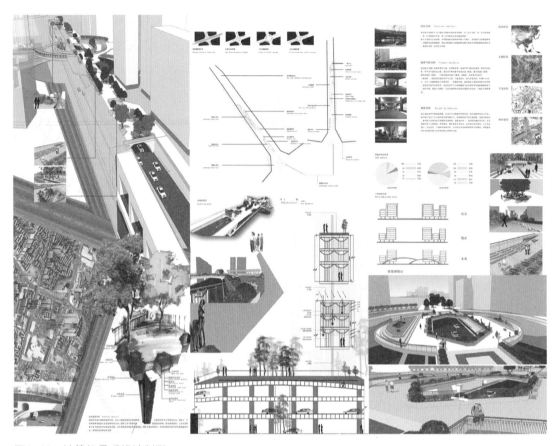

图4-43　计算机景观设计制图

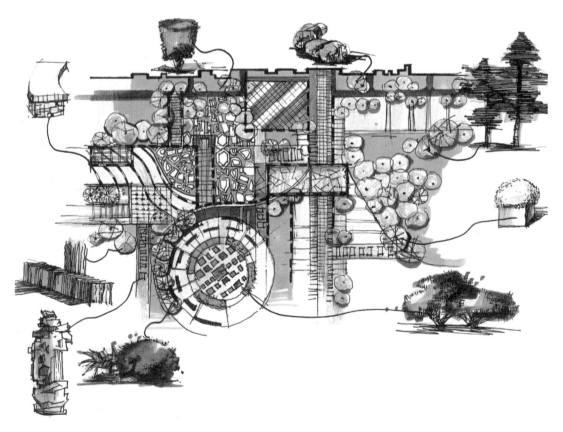

图4-44　园林景观手绘平面图

图4-45 园林景观场景效果图

- 补充要点 -

园林景观周边环境分析

1. 位置。园林用地往往是空隙地、边角地，甚至是垃圾填埋场，或是土丘、低洼地，纵然是方寸之地，也可以设计得有花草树木、曲径断桥。

2. 分析。地形环境有地质环境和人文环境两大因素。

3. 环境。园林景观设计要充分考虑周边环境情况，真山前不宜堆假山，真水前不宜砌鱼池。在形式、色彩、线条、材料、风格诸方面，充分考虑与周边环境的对比与和谐，点景、造景要充分利用周边环境。

4. 交通。园林景观区的道路设计是造园造景的游览干线，要移步换景，做到有韵致，有曲折，有高有下，有藏有露，以扩大园林的空间游览路线。

课后练习

1. 园林景观空间的造型因素有哪些？

2. 园林景观空间的限定手法包含哪些内容？

3. 影响园林景观空间尺度设计的因素有哪些？

4. 园林景观设计原则包含哪些内容？

5

第五章

园林景观
设计类型

学习难度：★★★☆☆
核心概念：以人为本、形式感、亲和性

◀ 章节导读

　　园林景观设计考虑最多的是个性空间，景观设计专家冶青分析："园林景观设计要以'人'为本，经常见到大家提及，真正运用到实际当中很少。各大城市都有广场，广场很大，人不能留足，原因树很少，座椅少，草坪大，不让人进。雕塑太大让我们窒息，比例关系和控制范围考虑不足。"现代园林景观设计应多注重尺度"宜人、亲人"，尊重自然，尊重历史，尊重文化、文脉，不能违背自然而行，不能违背人的行为方式。鲁迅先生曾说过："其实地上没有路，走的人多了便成了路。"我们在进行园林景观设计时应符合人的行为方式，既要继承古代文人、画家的造园思想，又要考虑现代人的生活行为方式，运用现代造园素材，形成鲜明的时代感。对于多种类型园林景观的设计核心在于尊重人的行为方式。

第一节　城市公园

　　城市公园是以绿地为主，具有较大规模和比较完善设施的可供城市居民休息、游览之用的城市公共活动空间。城市公园是城市景观绿地系统中的一个重要组成部分，由政府或公共团体建设经营，供市民游憩、观赏、娱乐，同时是人们进行体育锻炼、科普教育的场地，具有改善城市生态、美化环境的作用。公园一般以绿地为主，常有大片树林，因此又被称为"城市绿肺"。

　　1858年，"现代景观设计之父"奥姆斯特德和他的助手沃克斯合作设计了美国纽约中央公园，开启了现代城市公园设计的先河。此后，世界各地出现了很多不同类型的公园，极大丰富了城市空间环境（图5-1、图5-2）。

图5-1　纽约中央公园鸟瞰

图5-2　纽约中央公园草坪

一、公园类型

　　按照公园功能内容的不同可分为综合性公园和主题性公园。

图5-3 综合性公园一角

图5-4 儿童公园

1. 综合性公园

综合性公园是指设备齐全、功能复杂的景园，一般有明确的功能分区，一个大园可以包括几个小园，全国各地的大型公园属于此类（图5-3）。

2. 主题性公园

主题性公园是以某一项内容为主或服务于特定对象的专业性较强的景园，如动物园、植物园、儿童公园、体育公园、森林公园等（图5-4）。

二、公园设计要点

1. 公园布局形式

公园布局形式有规则式、自然式、混合式三种。规则式布局严谨，强调几何秩序；自然式布局随意，强调山水意境；混合式布局现代，强调景致丰富。无论选择哪种布局形式。都要结合公园自身的地形情况、环境条件和主题项目而定。

图5-5 娱乐区

2. 功能分区要合理

公园面向大众，人们的活动和使用要求是公园设计的主要目的，因此，公园的功能分区要合理、明确。特别对于综合性公园，常分有文化娱乐区、安静休息区、儿童活动区（图5-5、图5-6）。

3. 配套设施丰富

无论何种类型的公园，在设计时均注意完善附属设施，以方便游客。这些设施包括餐厅、小商店、

图5-6 休息区

厕所、电话亭、垃圾箱、休息椅、公共标志等（图5-7～图5-12）。

图5-7　公园售票区

图5-8　公园卫生间

图5-9　公园内电话亭

图5-10　公园垃圾桶

图5-11　公园休息椅

图5-12　公园内公共标志

- 补充要点 -

城市公园的主要功能

1. 提供户外活动环境，促进健康；

2. 绿化环保，调节空气；

3. 植物观赏，陶冶性情；

4. 休憩养心，调节心理；

5. 美化城市，繁荣市民文化；

6. 为防灾避险提供安全空地。

第二节　城市街道

城市街道是城市的构成骨架，属于线性空间，它将城市划分为大大小小的若干块地，并将建筑、广场、湖泊等节点空间串联起来，构成整个城市景观。人们对街道的感知不仅来源于路面本身，还包括街道两侧的建筑，成行的行道树、广场景色及广告牌、立交桥等，这一系列景物的共同作用形成了街道的整体形象。

街道景观质量的优劣对人们的精神文明有很大影响。对于市民来说，街道景观质量的提高可以增强他们的自豪感和凝聚力。对于外地的旅游者和办公者来说，街道景观就代表整个城市给他们的印象。

城市街道绿化设计是城市街道设计的核心，良好的绿化构成简约、大方、鲜明、开放的景观。除了美化环境外，街道绿化还可调节街道附近地区的湿度、吸附尘埃、降低风速、减少噪声、在一定程度上可改善周围环境的小气候。街道绿化是城市景观绿化的重要组成部分（图5-13、图5-14）。

一、街道绿化设计形式

街道绿化设计形式有规则式、自然式和混合式三种，要根据街道环境特色来选用。

1. 规则式

规则式的变化通过树种搭配、前后层次的处理、单株和丛植的交替种植来产生，一般变化幅度较小，节奏感较强（图5-15、图5-16）。

2. 自然式

自然式适用于人行道及绿地较宽的地带，较为活

图5-13　城市机动车道绿化

图5-14　城市人行道绿化

图5-15　乔木与灌木规则式绿化

图5-16　乔木规则式绿化

泼，变化丰富（图5-17）。

3. 混合式

混合式是规则式和自然式相结合的形式。它是两种布置方式：一种是靠近道路边列植行道树，行道树后或树下自然布置低矮灌木和花卉地被；另一种是靠近道路边布置自然式树丛、花丛等，而在远离道路处采用规则的行列式植物（图5-18）。

二、街道绿化设计要点

1）根据我国的《城市道路绿化规划与设计规范》，街道绿化宽度应占道路总宽度的20%～40%。

2）绿化地种植不得妨碍行人和车行的视线，特别是在交叉路口视距三角形范围内，不能布置高度大于700mm的绿化丛。

3）街道绿化设计同其他绿化设计一样要遵循统一、调和、均衡、节奏和韵律、尺度和比例这五大原则。在植物的配置上要体现多样化和个性化相结合的

美学思想。

4）植物的选择要根据道路的功能、走向、沿街建筑特点以及当地气候、风向等条件综合考虑，因地制宜地将乔木、灌木、草皮、花卉组合成各种形式的绿化。

5）行道树种的选择，要求形态美观、耐修剪、适应性和抗污染力强、病虫害少、没有或较少产生污染环境的落花、落果等。

6）道路休息绿化是城市道路旁供行人短时间游憩用到的小块绿地，它可添增城市绿地面积，补充城市绿地不足，是附近居民就近休息和活动的场所。因此，道路休息绿地应以植物种植为主，乔木、灌木和花卉相互搭配，此外还应提供休息设施如座椅、宣传廊、亭廊、花架等（图5-19～图5-21）。街道设施小品和雕塑小品应当摆脱陈旧的观念，强调形式美观、功能多样，设计思想要体现自然、有趣、活泼、轻松，例如大胆地将电话亭、座椅和标识牌艺术化等（图5-22）。

图5-17　自然式绿化设计

图5-18　混合式绿化设计

图5-19　街道休息座椅

图5-20　街道休息区

图5-21　街道花架

图5-22　街道雕塑小品

- 补充要点 -

城市地下通道环境设计

　　地下通道是在城市地面下修筑的供人行走的通道。行人能大量、快速、安全的通过，解决了大城市内的行人交通拥挤和安全问题，同时起到了美化城市的景观作用。它的环境设计要点主要如下：

　　1. 以交通枢纽站为节点。发展地下通道给"人车分流"的高质量交通带来了希望，在交通拥挤的交叉路口等交通枢纽，地下通道的设置会给交通带来很大的改善。

　　2. 以便捷通达为目标。在高楼林立的城市中心区，应把高楼楼层内部设施如大厅、走廊、地下室等与中心区外部步行设施如地下过街道、天桥、广场等衔接，并通过这些步行设施与城市公交车站、地铁站、停车场等交通设施相连，共同组成一个连续的、系统的、功能完善的城市交通系统。

　　3. 以环境舒适宜人为根本。充满情趣和魅力的地下步行系统能够使人心情舒畅，有宾至如归之感，特别是有休息功能和集散功能的步行设施尤为如此。通过喷泉、水池、雕塑可以美化环境；花坛、树木可以净化空气；饮水机、垃圾桶可以满足公众之需；电话亭、自动取款机，各种方向标志可以为游人提供方便，并且由于是地下全封闭的步行环境，将商厦、超市、银行和办公大楼连成一体，行人可以不受骄阳、寒风、暴雨、大雪的影响，从容地活动，一切自如。

第三节　城市广场

　　城市广场是城市道路交通体系中具有多种功能的开敞空间，它是城市居民交流活动的场所，是城市环境的重要组成部分。城市广场在城市格局中是与道路相连接、较为空旷的部分，一般规模较大，由多种软、硬质景观构成，采用步行交通手段，满足多种社会生活的需求。

　　城市广场在城市空间环境中最具公共性、开放性、永久性和艺术性，它体现了一个城市的风貌和文明程度，因此又被誉为"城市客厅"。城市广场的主要职能除了提供公众活动的开敞空间外，还有增强市民凝聚力和信心、展示城市形象面貌、体现政府业绩的作用。

一、广场类型

城市广场按其性质、功能和在城市交通道网中所处的位置及附属建筑物的特征，可分为以下几类。

1. 集会性广场

集会性广场是用于政治集会、庆典、游行、检阅、礼仪、传统节日活动的广场，如政治广场、市政广场等。它们有强烈的城市标识作用，往往安排在城市中心地带。此类广场的特点是面积较大、多以规划整形为主、交通方便、场内绿地较少、仅沿周边种植绿地。最为典型的是北京天安门广场、上海人民广场等（图5-23、图5-24）。

2. 交通广场

交通广场是指有数条交通干道的较大型的交叉口广场，如环形交叉口、桥头广场等。这些广场是城市交通系统的重要组成部分，大多安排在城市交通复杂的地段，和城市主要街道相连。交通广场的主要功能是组织交通，同时也有装饰街景的作用。在绿化设计上，应考虑到交通安全因素，某种地方不能密植高大乔木，以免阻碍驾驶员的视线，因此多以灌木植物作点缀（图5-25、图5-26）。

3. 娱乐休闲广场

在城市中，此类广场的数量最多，主要是为市民提供一个良好的户外活动空间，满足市民节假日的休闲、娱乐、交往的要求。这类广场一般布置在城商业区、居住区周围，多与公共绿地用地相结合。广场的设计既要保证开敞性，也要有一定的私密性。在地面铺装、绿化、景观小品的设计上，不但要富于趣味，还要能体现所在城市的文化特色（图5-27）。

图5-23　北京天安门广场

图5-24　上海人民广场

图5-25　可行人的交通广场

图5-26　不可行人的交通广场

图5-27 娱乐休闲广场

图5-28 商业广场

图5-29 纪念广场全景

图5-30 纪念广场局部

图5-31 岛式广场

4. 商业广场

商业广场指用于集市贸易、展销购物的广场，一般布置在商业中心区或大型商业建筑附近，可连接邻近的商场和市场，使商业活动趋于集中。随着城市重要商业区和商业街的大型化、综合化、步行化的发展，商业广场的作用还体现在能提供一个相对安静的休息场所。因此，它具备广场和绿地的双重特征，并有完善的休息设施（图5-28）。

5. 纪念广场

纪念广场是指用于纪念某些人物或事件的广场，可以布置各种纪念性建筑物、纪念牌和纪念雕塑等。纪念广场应结合城市历史，与城市中有重大象征意义的纪念物配套设置，便于瞻仰（图5-29、图5-30）。

二、广场空间形式

广场的空间形式很多，按平面形状可分为规则广场和不规则广场，按围合程度可分为封闭性广场、半封闭式广场和敞开式广场；按建筑物的位置可分为周边式广场和岛式广场（图5-31）；按设计的地面标高可分为地面广场、上升式广场和下沉式广场（图5-32）。要根据具体使用要求和条件，选择适宜的空间形式来组织城市广场空间，能满足人们活动及观赏的要求。

三、广场设计要素

1. 广场铺装

广场应以硬质景观为主，以便有足够的铺装硬地供人活动，因此铺装设计是广场设计的重点，历史上许多著名的广场因其精美的铺装而令人印象深刻（图5-33、图5-34）。

广场的铺装设计要新颖独特，必须与周围的整体环境相协调，在设计时应注意以下两点。

（1）铺装材料的选用 材料的选用不能片面追求档次，要与其他景观要素统一考虑，同时要注意使用的安全性，避免雨天地面打滑，多选用价廉物美、使用方便、施工简单的材料，如混凝土砌块等（图5-35）。

（2）铺装图案的设计 因为广场是室外空间，

图5-32　下沉式广场

图5-33　意大利圣彼得广场

图5-34　意大利圣马可广场

图5-35　铺装材料的选用

所以地面图案的设计应以简洁为主，只在重点部位稍加强调即可。图案的设计应综合考虑材料的色彩、尺度和质感，要善于运用不同的铺装图案来表示不同用途的地面，界定不同的空间特征，也可用以暗示游览前进的方向（图5-36）。

2. 广场绿化

广场绿化是广场景观形象的重要组成部分，主要包括草坪、树木、花坛等内容，常通过不同的配置

方法和裁剪整形手段，营造出不同的环境氛围（图5-37、图5-38）。绿化设计有以下几个要点：

（1）要保证不少于广场面积20%比例的绿地，来为人们遮蔽日晒和丰富景观的色彩层次。但要注意的是，大多数广场的基本目的是为人们提供一个开放性的社交空间，那么就要有足够的铺装硬地供人活动，因此，绿地的面积也不能过大，特别是在很多草坪不能上人的情况下就更应该注意。

图5-36　铺装图案的设计

图5-37　阿根廷五月广场

图5-38　比利时布鲁塞尔广场

图5-39　广场旱泉水景

（2）广场绿化要根据具体情况和广场的功能、性质等进行综合设计，如娱乐休闲广场主要是提供在树荫下休息的环境和点缀城市色彩，因此可以多考虑水池、花坛、花钵等形式；集会性广场的绿化就相对较少，应保证大面积的空白场地以供集会之用。

（3）选择的植物种类应符合和反映当地特点，便于养护、管理。

3. 广场水景

广场水景主要以水池（常结合喷泉设计）、叠水、瀑布的形式出现（图5-39、图5-40）。通过对水的动静、起落等处理手段活跃空间气氛，增加空间的连贯性和趣味性。喷泉是广场水景最常见的形式，它多受声、光、电控制，规模较大、气势不凡，是广场重要的景观焦点。设置水景时应考虑安全性，应有防止儿童、盲人跌撞的装置，周围地面应考虑排水、防滑等因素。

图5-40　广场喷泉水景

4. 广场照明

广场照明应保持交通和行人的安全，并有美化广场夜景的作用。照明灯具形式和数量的选择应与广场的性质、规模、形状、绿化和周围建筑物相适应，并注重节能要求（图5-41、图5-42）。

5. 景观小品

广场景观小品包括雕塑、壁饰、座椅、垃圾箱、花台、宣传栏、栏杆等。景观小品既要强调时代感，也要具有个性美，其造型要与广场的总体风格相一致，协调而不单调，丰富而不零乱，着重表现地方气息、文化特色（图5-43、图5-44）。

图5-41　广场全局照明

图5-42　广场建筑照明

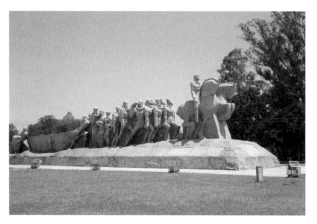

图5-43　广场雕塑

图5-44　广场花台

─ 补充要点 ─

城市广场景观设计原则

（1）系统性原则　城市广场设计应该根据周围环境特征、城市现状和总体规划的要求，确定其主要性质和规模，统一规划、统一布局，使多个城市广场相互配合，共同形成城市开放空间体系。

（2）完整性原则　城市广场设计时要保证其功能和环境的完整性。明确广场的主要功能，在此基础上，辅以次要功能，主次分明，以确保其功能上的完整性。广场应该充分考虑它的环境的历史背景、文化内涵、周边建筑风格等问题，以保证其环境的完整性。

（3）生态性原则　现代城市广场设计应该以城市生态环境可持续发展为出发点。在设计中充分引入自然，再现自然，适应当地的生态条件，为市民提供各种活动而创造景观优美、绿化充分、环境宜人、健全高效的生态空间。

（4）特色性原则　城市广场应突出人文特性和历史特性。通过特定的使用功能、场地条件、人文主题以及园林景观处理塑造广场的鲜明特色。继承城市当地本身的历史文脉，适应地方风情、民俗文化，突出地方建筑艺术特色，增强广场的凝聚力和城市旅游吸引力。城市广场还应突出其地方自然特色，即适应当地的地形地貌和气温气候等。城市广场应强化地理特征，尽量采用富有地方特色的建筑艺术手法和建筑材料，体现地方园林特色，以适应当地气候条件。

（5）效益兼顾（多样性）原则　不同类型的广场都有一定的主导功能，但是现代城市广场的功能却向综合性和多样性衍生，满足不同类型的人群不同方面的行为、心理需要，具有艺术性、娱乐性、休闲性和纪念性兼收并蓄，给人们提供了能满足不同需要的多样化的空间环境。

（6）突出主题原则　围绕着主要功能，明确广场的主题，形成广场的特色和内聚力与外引力。因此，在城市广场规划设计中应力求突出城市广场在塑造城市形象、满足人们多层次的活动需要与改善城市环境的三大功能，并体现时代特征、城市特色和广场主题。

第四节　庭院设计

庭院设计和古代造园的概念很接近，主要是建筑群或建筑群内部的室外空间设计。相对而言，庭院的使用者较少，功能也较为简单。现代庭院设计主要是居住区内部的景观设计，以及公司团队或机构的建筑庭院设计，前者的使用者是居住区内的居民，后者的使用者是公司职员和公司来访者。除此之外，还有私人别墅的庭院设计。

随着人们对自己所处生活与生存环境质量要求的提高，加上近些年来房地产业的蓬勃发展，居住区内部的环境条件越来越被大众关注，特别是在一些高档小区，其内部的景观设计往往是楼盘销售的卖点。因此，从设计的规模和质量上讲，城市居住区的景观设计已成为庭院设计最重要的形式。

庭院设计应以人们的需求为出发点，美国著名人本主义心理学家马斯洛将人的需求分为五个层次：生理的需求、安全的需求、社交的需求、尊重的需求和自我实现的需求。因此，一个好的居住或工作环境，应该让身处其中的人感到安全、方便和舒适。这也是庭院设计的基础要求。

一、庭院设计风格

现代庭院设计的风格主要有：中国传统式、西方传统式、日本式庭院、现代式庭院。

1. 中国传统式

这种庭院形式是中国传统园林的缩影，讲求"虽由人作，宛自天开"的诗画意境。多以自然式格局，由于庭院面积一般较小，故要巧妙设计，常采取"简化"或"仿意"的手法创造出写意的画境，如庭院设计中常将亭子、廊、花窗和小青瓦压顶的云墙等典型形象简化，以抽象形式来表现传统风格（图5-45）。

在平面布局上，采用自然式园路，园路的铺装常用卵石与自然岩板组合嵌铺；水池是不规则形状，池岸边缘常用黄石叠置成驳岸，并与草坪相衔接；庭院中常用假山，可在假山上装置流泉；植物的种植遵循其原有形态，常结合草坪适量栽种梅、竹、菊、美人蕉或芭蕉。

2. 西方传统式

这种庭院形式是以文艺复兴时期意大利庭院样式为蓝本，受欧洲"为理美学思想"的影响，强调整齐、规则、秩序、均衡等，与中国式庭院强调赏心的意境相比，西方式庭院给人的感觉是悦目。

在庭院的平面布局上，突出以轴线作引导的几何形图案美；通过古典式喷泉、壁泉、拱廊、雕塑等典型形象来表现；植物以常绿树为主，配以整形绿篱、模纹花纹等，以取得俯视的图案美效果（图5-46）。

图5-45　中国传统式庭院

图5-46　西方传统式庭院

3. 日本式庭院

这种庭院形式是以日本庭院风格为摹本。日本的写意庭院，在很大程度上就是盆景式庭院，它的代表是"枯山水"。枯山水用石块象征山峦，用白沙象征湖海，只点缀少量的灌木、苔藓或蕨类（图5-47）。

在具体应用上，庭院以置石为主景，显示自然的伟力和天成，置石取横向纹理水平展开，呈现出伏式置法；铺地常用块石或碎砂，点块石于步道，犹如随意飞抛而成；庭院分隔墙多用篱笆扎成，不开漏窗，显得古朴。日本式庭院由于精致小巧、便于维护，常用于面积较小的庭院中。

4. 现代式庭院

现代式庭院设计渐渐模糊了流派的界限，更多的是关注"人性化"设计—注重尺度的"宜人"、"亲人"，充分考虑现代人的生活方式，运用现代造景素材，形成鲜明的时代感，整体风格简约、明快。

现代式庭院的具体表现手法，一般都栽植棕榈科植物，主要采用彩色花岗岩或彩色混凝土预制砖做铺地材料，常用嵌草步石、汀步等；可设置彩色的景墙如拉毛墙、彩色卵石墙、马赛克墙等；水池为自由式形状，常作为游泳池使用；喷泉的设计要丰富，强调人的参与性，并常与灯光艺术相结合（图5-48）。

二、庭院道路设计

庭院道路是城市道路的延续，是庭院环境的构成骨架和基础，它不但要满足人们出行的需要，还对整个景观环境质量产生重要的影响（图5-49、图5-50）。

1. 道路分级

庭院的道路规划设计以居住区道路最为复杂。按照道路的功能要求和实践经验，居住区道路宜分为三级，有些大型居住区的道路可分为四级。

（1）居住区级道路　是居住区的主要干道，它首先解决居住区的内外交通联系问题，其次起着联系居住区内的各个小区的作用。居住区级道路要保证

图5-47　日本式庭院

图5-48　现代式庭院

图5-49　住宅庭院道路

图5-50　景观庭院道路

消防车、救护车、小区班车、搬家车、工程维修车、小汽车等的通行。按照规定，道路的红线宽度不宜小于20m，一般为20~30m，车行道宽度一般不小于9m。

（2）小区级道路　是居住区的次要道路，它划分并联系着住宅组团，同时还联系着小区的公共建筑和中心绿地，一些规模小的居住区可不设小区级道路。小区级道路的车行道宽度应允许两辆机动车对开，宽度为5~8m，红线宽度根据具体规划要求确定。

（3）组团级道路　是从小区级道路分支出来、通往住宅组团内部的道路，主要通行自行车、小轿车，同时还要满足消防车、搬家车和救护车的通行要求。组团级道路的车行道宽度为4~6m。

（4）宅前小路　是通向各户或各单元入口的道路，是居民区道路系统的末梢。宅前小路的路面宽度最好能保证救护车、搬家车、小轿车、送货车到达单元门前，因此宽度不宜小于2.5m。

2. 机动车停放组织

随着经济的发展，汽车逐渐普及，不论是在居民区，还是在公司团体或机构的庭院内部，经常有机动车出入，选择不同的机动车停放方式，会对庭院道路规划设计产生很大的影响。机动车的停放方式常见的有路面停车、建筑底层停车、地下车库、独立式车库等。停车方式的选择与规划应根据整个庭院的道路交通组织规划来安排，以方便、经济、安全为原则（图5-51、图5-52）。

（1）路面停车　是庭院中使用得最多的一种停车方式，其优点是造价低、使用方便，但当停车量较大时，会严重影响庭院环境质量。根据对多种形式路面停车的调查结果统计，路面停车的车位平均用地为16m²。

（2）建筑底层停车　利用建筑的底层作停车场，其优点是没有视觉环境污染，并且腾出的场地能用作绿地；缺点是受建筑底层面积的限制，停车的数量有限。中高层建筑的底层（包括地面、地下和半地下）停车还独具优点，建筑电梯能直通入底层，缩短了住宅与车库的距离，避免了不良气候的干扰，极大方便

图5-51　庭院私家停车位

图5-52　庭院公共停车位

了使用者。

（3）地下车库　常利用居住区的公共服务中心、大面积绿地、广场的底部作地下车库。优点是停车面积较大，能充分利用土地，减少了噪声影响；缺点是增大了停车与住宅之间的距离。在设计时要注意人流与车流的分离，停车场出入口不能设在人群聚集之处。

（4）独立式车库　这种停车方式虽能极大改善庭院的环境质量，但要占用大面积绿地，经济成本自然很高。

3. 道路设计要点

（1）在道路系统的设计中，人的活动路线是设计的重要依据，道路的走向要便于职工上下班、居民出行等。人都有"抄近路"的心理，希望通过最短的路线到达目的地，因此，在道路设计时要充分考虑人的这一心理特征，选择经济、便捷的道路布局，而不能单纯追求设计图纸上的构图美观。

（2）道路的线型、断面形式等，应与整个庭院的规划结构和建筑群体的布置有机结合。道路的宽度应考虑工程管线的合理铺设。

（3）车行道应通至住宅每单元的入口处。建筑物外墙与人行道边缘的距离应不小于1.5m，与车行道边缘的距离不小于3m。

（4）尽端式道路长度不宜超过120m，在端头处应设回车场。

（5）车行道为单车道时，每隔150m左右应设置车辆会让处。

（6）道路绿化设计时，在道路交叉口或转弯处种植的树木不应影响行驶车辆的视距，必须留出安全视距，即在这个范围内，不能选用体形高大的树木，只能用高度不超过0.7m的灌木、花卉与草坪等。

（7）道路绿化中，其行道树的选择要避免与城市道路的树种相同，从而体现庭院不同于城市街道的性质。在居住区的道路绿化中，应考虑弥补住宅建筑的单调雷同，从植物材料的选择、配植上采取多样化，从而组合成不同的绿色景观。

三、庭院绿地小品设计

1. 庭院绿化设计

庭院绿化在指庭院内人们公共使用的绿化用地，它是城市绿地系统的最基本组成部分，与人的关系最密切，对人的影响最大。其中居住区绿地作为人居环境的重要因素之一，是居民生活不可缺少的户外空间，它不但创造了良好的休闲环境，也提供了丰富的活动场地。单位附属绿地能创造良好的工作环境，促进人们的身心健康，进一步激发工作和学习的热情，此外对提高企业形象、展示企业精神面貌起到不可忽视的作用。

（1）庭院绿地的组成与指标　庭院绿地的组成以居住区绿地最为详细，按其功能、性质和大小，可分为以下几种类型。

1）公共绿地。包括居住区公园、居住区小区公园、组团绿地、儿童游戏场和其他块状、带状公共绿地等，供居民区全体居民或部分居民公共使用的绿地（图5-53、图5-54）。

2）专用绿地。是公共建筑和公共设施的专用绿地，包括居住区的学校、幼托、小超市、活动中心、锅炉旁等专门使用的绿地。

3）宅旁绿地。指住宅四周的绿地，它是居民最常使用的休息场地，在居住区中分布最广，对居住环境影响最为明显（图5-55、图5-56）。

4）道路绿地。指道路两旁的绿地和行道树。

庭院绿地的指标已成为衡量人们生活、工作质量的重要标准，它由平均每人公共绿地面积和绿地率（绿地占居住区总用地的比例）所组成。在发达国家，庭院绿地指标通常都较高，以居住区为例，达到人均3m²以上，绿化率在30%以上。鉴于我国国情，在颁布的《城市居民区规划与设计规范》中明确规定：

图5-53　公共庭院绿地

图5-54　公共水景绿地

图5-55　宅边绿地近景

图5-56　宅边绿地鸟瞰

住宅组团不少于人均0.5m²，居住小区（含组团）不少于人均1m²，居住区（含小区）不少于人均1.5m²；对绿地率的要求是新区不低于30%，旧区改造不低于25%。

（2）绿地的设计原则

1）系统性。指庭院的绿地设计要从庭院的总体规划出发，结合周围建筑的布局、功能特点，加上对人的行为心理需求和当地的文化因素的综合考虑，创造出有特色、多层次、多功能、序列完整的规划布局，形成一个具有整体性的系统，为人们创造幽静、优美的生活和工作环境（图5-57、图5-58）。

2）亲和性。绿地的亲和性体现在可达性和尺度上。可达性指绿地无论集中设置或分散设置，都必须选址于人们经常经过并能顺利到达的地方，否则不但容易造成对绿地环境的陌生，也会降低绿地的使用

率。庭院绿化在所有绿地系统中与人的生活最为贴近，加上用地的限制，一般不可能太大，不能像城市"客厅"——广场那样具有开阔的场地，因此在绿地的形状和尺度设计要有亲和性，以取得平易近人的感观效果（图5-59）。

3）实用性　绿地的设计要注重实用性，不能仅以绿地为目的，具有实际功能的绿化空间才会对人产生明确的吸引力，因此在对绿地规划时应区分游戏、晨练、休息与交往等不同空间，充分利用绿化来反映其区域特点，方便人们使用。此外，绿地植物的配置，应注重实用性和经济性，名贵和难以维护的树种尽量少用，应以适应当地气候特点的乡土树种为主（图5-60）。

（3）绿地的形式　从总体布局上来说，绿地按造园形式可分为自然式、规则式、混合式三种。

图5-57　私家庭院绿地

图5-58　公共庭院绿地

图5-59　绿地亲和性设计

图5-60　绿地实用性设计

图5-61　自然式水景造园

图5-62　自然式铺地造园

1）自然式。以中国古典园林绿地为蓝本，模仿自然，不讲求严整对称。其特点是：道路、草坪、花木、山石等都遵循自然规律，采用自然形式布置，浓缩自然美景于庭院中；花草树木的栽植常与自然地形、人工山丘融为一体；自然式绿地富有诗情画意，宜创造出幽静别致的景观环境，在居住区公共绿地中常采用这种形式（图5-61、图5-62）。

2）规则式。以西方古典园林绿地为蓝本，通常采用几何图形布置方法，有明显轴线，从整个平面布局到花草树木的种植都讲求对称、均衡，特别是主要道路旁的树木依轴线成行或对称排列，绿地中的花卉布置也多以模纹花坛的形式出现。规则式绿地具有庄重、整齐的效果，在面积不大的庭院内适合采用这种形式，但它往往使景观一览无余，缺乏活泼和自然感（图5-63）。

3）混合式。即自然式和规则式相结合的方式。

图5-63　规则式造园

它根据地形特点和建筑分布，灵活布局，既能与周围建筑相协调，又能保证绿地的艺术效果，是最具现代气息的绿地设计形式（图5-64）。

（4）园路的设计　园路是绿地的骨架和脉络，起着组织空间、引导游览的作用。园路按其性质和功能可以分为主路、次路及游憩小径（图5-65、图

图5-64　混合式造园

图5-65　街道园路

图5-66　庭院园路

5-66）。主路的路线宽度一般为4～6m，能满足较大人流量和少量管理用车的要求；次路的路面宽度一般为2～4m，能通行小型服务用车；游憩小径供人们散步休息之用，线型自由流畅，路面宽度一般为1～2m。园路的设计有以下几个要点：

1）园路的主要功能是观光游览，因此它的布局一般以捷径为准则。园路线型多自由流畅、迂回曲折，一方面是地形的要求，另一方面是功能与艺术的要求。游人的视线随着路蜿蜒起伏，饱览不断变化的景观。

2）园路必须主次分明、引导性强，游人应从不同地点、不同方向欣赏到不同的景致。

3）园路的疏密与绿地的大小、性质和地形有关；较之小块绿地，规模大的绿地园路就布置得较多；安静休息区园路布置得较少，活动区相对较多；地形复杂的地方园路布置得也较少。

（5）绿地植物的选择　庭院植物的选用范围很广，乔木、灌木、藤木、竹类、花卉、草皮植物都可使用，在选择植物时要注意以下几点（图5-67、图5-68）。

1）大部分植物宜选择易管理、易生长、少修剪、少虫害，具有地方特色的优良树种，这样能大大减少维护管理的费用。

2）选择耐荫树种，这是因为现在的建筑楼层较高并占据日照条件好的位置，这样绿地往往处于阴影之中，所以宜选择耐荫树种便于成活。

3）选择无飞絮、无毒、无刺激性和无污染物的树种。

4）选择芳香型的树种，如香樟、广玉兰、桂花、腊梅、栀子等。在居民区的活动场所周围最适宜种植芳香类植物，可以为居民提供一个健康而又美观的自然环境。

5）草坪植物的选择要符合上人草坪和不上人草坪的设计要求，并能适应当地的气候条件和日照情况。

图5-67　马尼拉草坪

图5-68　菊花点缀

（6）绿地中的花坛设计　在庭院的户外场地或路边布置花坛，种植花木、花草，对环境有很好的装饰作用，花坛的组合形式有独立花坛、组群花坛、带状花坛、连续花坛等（图5-69、图5-70），花坛的设计要注意以下几点：

1）作为主景的花坛，外形多呈对称状，其纵横轴常与庭院的主轴线相重合；作为配景的花坛一般在主景垂轴两侧。

2）花坛的单体面积不宜过大，因以平面观赏为主，故植床不能太高，为创造亲切宜人的氛围，植床高于地面100mm为好，或采用下沉式花坛。

3）花坛在数量的设置上，要避免单调或杂乱，要保持整个庭院绿化的整体性和简洁性。

2. 庭院小品设计

庭院小品能改善人们的生活质量、提高人们的欣赏品味、方便人们的生活学习，一个个设计精良、造型优美的小品对提高环境品质起到重要作用。小品的设计应结合庭院空间的特征和尺度、建筑的形式和风格以及人们的文化素养和企业形象综合考虑。小品的形式和内容应与环境协调统一，形成有机的整体，因此，在设计上要遵循整体性、实用性、艺术性、趣味性和地方性的原则（图5-71～图5-74）。

（1）庭院小品分类

1）建筑小品。钟塔、庭院出入口、休息亭、廊、景墙、小桥、书报亭、宣传栏等。

2）装饰小品。水池、喷水池、叠石假山、雕塑、壁画、花坛、花台等。

3）方便设施小品。垃圾箱、标识牌、灯具、电话亭、自行车棚等。

4）游憩设施小品。沙坑、戏水池、儿童游戏器械、健身器材、座椅、桌子等。

（2）小品的规则布置

图5-69　建筑花坛

图5-70　种植花坛

图5-71　道路与围栏

图5-72　亭子

图5-73　假山石

图5-74 铺地

图5-75 静态水景

1）庭院出入口。庭院出入口是人们对庭院的第一印象，它能起到标志、分隔、警卫、装饰的作用，在设计时要感觉亲切、色彩明快、造型新颖，同时能体现出地域特点，表现一种民族特色文化。

2）休息亭廊。几乎所有的居住小区都设计有休息亭廊，它们大多都结合公共绿地布置，供人们休息、遮阳避雨。亭廊的造型设计新颖别致，是庭院重要的景观小品。

3）水景。庭院水景有动态与动态之分，动态水景以其水的动势和声响，给庭院环境增添了引人入胜的魅力，活跃了空间气氛，增加了空间的连贯性和趣味性；静态水景平稳、安详，给人以宁静和舒坦之美，利用水体倒影、光源变幻可产生令人叹为观止的艺术效果（图5-75、图5-76），另外，居住区的水景设计要考虑居民的参与性，这样能创造出一种轻松、亲切的小区环境，如旱地喷泉、人工溪涧、游泳池等都是深受居民、特别是儿童喜爱的水景形式。

四、庭院游戏与活动场地设计

庭院的游戏与活动场地为人们提供了一个交往、娱乐、休息的场所，特别是在居住区的设计中，它是人性化设计最直接的体现。庭院游戏场地主要是指儿童游戏场所，它是居住区整体环境中最活跃的组成部分，而庭院活动场地是指供庭院所有居民活动娱乐的场地。

图5-76 动态水景

1. 儿童游戏场地设计

（1）场地设计原则

1）儿童精力旺盛、活动量大，但耐久性差，因此场地要宽敞，游戏设备要丰富。

2）可根据居住区地形的变化巧妙设计，达到事半功倍的效果。比如利用地势高差，可设计成下沉式或抬升式游戏场地，形成相对独立、安静的游戏空间。

3）儿童在游戏时往往不注意周围的车辆或行人，要避免交通道路穿越其中，而引起不安全。

4）场地的设置要尽量避免对周围住户的噪声干扰。游戏场四周可种植浓密的乔木或灌木，形成相对封闭而独立的空间，这样不仅减少对周围居民的干扰，而且有利于儿童的活动安全。

（2）儿童游戏场地的主要设施

1）草坪与地面铺装。此种设施应用较为普遍，它地形平坦、面积较大，适宜儿童在上面奔跑、追逐。特别是草坪，尤其适合于幼儿，在草坪上活动既安全又卫生，只是较之硬质铺装，养护管理成本更高些（图5-77）。地面铺装材料多采用混凝土方砖、石板、沥青等，铺装图案可设计得更儿童化些（图5-78）。

2）沙坑。它是一种重要的游戏设施，深受儿童喜爱。儿童可凭借自身的想象力开挖、堆砌各种造型，虽简单，但可激发他们的艺术创造力。沙坑可布置在草坪或硬质铺地内，面积占2m²左右，沙坑深度以30cm为宜。沙坑最好在向阳处，便于给沙消毒，为保持沙的清洁，需定期更换沙料（图5-79）。

3）水景。儿童都喜欢与水亲近，因此，在儿童游戏场地内，可设计参与性水景，如涉水池、溪涧、旱地喷泉等（图5-80）。这些水景在夏季不但可供儿童游戏，还可改善场地小气候。涉水池、溪涧的水深以150～300mm为宜，平面形式可丰富多样，水面上可设计一些妙趣横生的汀步，或结合游戏器械如小滑梯等设计。

4）游戏器械。主要包括滑梯、秋千、跷跷板、转椅、攀登架、吊环等，适合不同年龄组儿童使用。有的居住区选择一种组合游戏器械，它由玻璃钢或高强度塑料制成，色彩鲜艳，而有一定弹性，儿童使用较为安全。在国外居住区的游戏场内，常可见到利用一些工程及工业废品如旧轮胎、旧电杆、下水管道等制作成的儿童游戏器械，这样不但可降低游戏场的造

图5-77　地面铺装草坪

图5-78　地面铺装彩色沥青

图5-79　沙坑

图5-80　儿童游戏场内的水景

图5-81　滑梯

图5-82　健身器材

价，而且能够充分挥发儿童的想象力与创造力（图5-81、图5-82）。

2. 成人活动场地设计

居住区活动场地的主要功能是满足居民休闲娱乐和锻炼健身的需要，是邻里交往的重要场所，特别是为老年人规划设计合理的活动场地，为老年人自发性活动与社会性活动创造积极的条件，充实老年人的精神生活。

（1）活动场地的分类

1）社会交往空间。是邻里交往的场所，设计时应考虑安全、舒适、方便，其位置常出现在建筑物的出入口、步行道的交会点和日常使用频繁的小区服务设施附近（图5-83）。

图5-83　社会交往空间

2）景观观赏空间。为居民与自然的亲密接触创造了条件。从这类空间观赏景物，视野开阔，并能欣赏到小区最美的景观（图5-84）。

3）健身锻炼空间。健身锻炼是居民室外活动的重要内容，居民在这个空间里可以做操、跳舞、散步、晒太阳等，有的居民区还配有室外健身器材，供居民锻炼（图5-85、图5-86）。

（2）活动场地的空间类型及设计要点

1）中心活动区。是居民区最大的活动场所，可分为动态活动区和静态活动区两种。动态活动区多以休闲广场的形式出现，其地面必须平坦防滑，居民可在此进行球类、做操、舞蹈、练功等健身活动；静态活动区可利用树荫、廊亭、花架等空间，供居民在此观景、聊天、下棋及其他娱乐活动。动、静活动区应

图5-84　景观观赏空间

相互保持一定距离，以免相互干扰，静态活动区应能观赏到动态活动区的活动。中心活动区可以是一个独立的区域，也可以设在公共设施和小区中心绿地的附近。为了避免干扰，应与附近车道保持一定距离。

图5-85　健身锻炼平台

图5-86　健身锻炼器材

2）局部活动区。规模较大的居住区应分布若干个局部活动区，以满足有些喜欢就近活动或习惯和自己熟悉的邻居三五个人一起活动的居民。这类场所宜安排在地势平坦的地方，大小依居住区规模而定，最大可达到羽毛球场大小，并可容纳拳术、做操等各种动态活动。活动区的场地周围应有遮荫和休息处，以供居民观赏与休息。

3）私密性活动区。居民也有私密性活动的要求，因此需设置若干私密性活动区。这类空间应设置在宁静之处，而不是在人潮聚集的地方，同时要避免被主干道路穿过。私密性活动区常利用植物等来遮掩视线或隔离外界，以免成为外界的视点，并最好能欣赏到优美的景观。私密性活动区离不开座椅，座椅的设计既有常规木制座椅，也有花坛边、台阶、矮墙等多种形式的辅助座椅。座椅应布置在环境的凹处、转角等能提供亲切和安全感的地方，每条座椅或每处小憩之地应能形成各自相宜的具体环境。

- 补充要点 -

私家庭院设计要点

1. 立意。根据功能需求、艺术要求、环境条件等因素综合考虑所产生出来的总的设计意图。立意既关系到设计目的，又是在设计过程中采用各种构图手法的根据。

2. 布局。是设计方法和技巧的中心问题，有了好的立意和环境条件，但是如果布局凌乱、不合章法，同样是不可能成为好的作品的。布局内容十分广泛，从总体规划到布局建筑的处理都会涉及。

3. 尺度与比例。尺度是指空间内各个组成部分与具有一定自然尺度的物体的比较，是设计时不可忽视的一个重要因素。功能、审美和环境特点是决定建筑尺度的依据，正确的尺度应该和功能、审美的要求相一致，并和环境相协调。

4. 色彩与质感。色彩与质感的处理与空间的艺术感染力有密切的关系。无论建筑物还是山石、池水、花木等主要都是以其形、色动人。色彩和质感问题除了涉及主体建筑物的各种材质性质外，还包括山石、水、树、雕塑、亭子、桥等景物。

5. 细节设计。对于细节的处理也是很重要的，在整体空间里光有山水、花草、雕塑等并不足够，因为在这个空间里人们要活动，所以需要把很多的小细节处理好，这样才是一个完整的设计。这些细节主要包括各种灯光、椅子、驳岸、花钵、花架、大门造型等，甚至有的还包括垃圾桶、水龙头等。

第五节　园林景观设计案例

一、上海古北国际财富中心景观

上海古北国际财富中心坐落于上海虹桥路延安路交会处，为虹桥开发区优质写字楼，整体建筑与园林景观由日本久米设计事务所设计，设计基本理念在于把自然和都市、文化和艺术、工作和购物融为一体，建立新型的国际性商务空间，引领世界商务建筑潮流。园林景观设计风格定位为典型的日式现代主义，极度简洁的几何体造型是整个景观设计的根基，色调为银灰色，配置黑色与不同层次的灰色，引入了日本枯山水的设计元素，将枯山水与真实水景结合在一起，将现代主义设计设计风格发挥至极（图5-87～图5-93）。

图5-87　地铁站出口

图5-88　指示向导牌

图5-89　竹林与地面铺装

图5-90　写字楼向导牌

图5-91　树池花台

图5-92　水景

二、别墅庭院景观

别墅庭院景观设计一直都呈现出多元化风格，又称为混搭风格，别墅主人的审美倾向对设计有直接影响。这套别墅庭院建筑是典型的美式乡村风格，但是庭院的景观设计却融合了中西方文化，将中国传统私家园林水池与西方游泳池结合在一起，配置多样化家具与装饰陈设品，满足全家人对庭院景观的审美倾向，表面上看似凌乱，在整体布局上却有条不紊，贴近主体建筑的景观以实用功能为主，远离主体建筑的景观以观赏为主（图5-94～图5-102）。

图5-93 竹林花台

图5-94 庭院建筑

图5-95 庭院鸟瞰

图5-96 庭院远景

图5-97　中式水池

图5-98　花境

图5-99　装饰景墙

图5-100　花台

图5-101　休闲平台

图5-102　户外吧台

课后练习

1. 城市公园设计要点有哪些?

2. 城市街道绿化设计有几种形式?

3. 城市广场的设计要素有哪些?

4. 请收集周边小区的庭院设计照片,并进行交流讨论。

第六章

园林景观设计表现形式

学习难度：★★★☆☆

核心概念：工具、运笔技法、马克笔表现

◁ 章节导读

　　园林景观设计师要想充分地表达设计意图，就要着眼于学习和培养自己文才、画才和口才。这三才仅就单项而言就很难得，综合三才于一身就更为艰辛。但，志在必得。人各有长，各擅其才。作为设计师，心志既定，迎难而上，中国传统哲理："先难而后得"。在文化创意即将成为未来经济增长点的大环境下，各类电脑效果制作几乎占据了整个设计领域。如今园林景观设计师也同其他专业设计师一样，越来越多地依赖于电脑制作来表达自己的景观创意和设计思想，而忽视了手绘功底。本章强调手绘表现在园林景观设计中的重要性，介绍一套完整的手绘方法。

第一节　常用工具与纸张

　　在园林景观设计的表现中，常用的传统表现工具有很多，如铅笔、绘图笔、针管笔、水溶性彩铅、马克笔、鸭嘴笔、水粉笔、水彩笔、叶筋笔、水粉颜料、直尺、三角板、圆规、画圆模板、曲线板或蛇尺、比例尺、丁字尺等工具。

一、常用工具

1. 铅笔

　　铅笔是使用最广泛的单色绘图工具，常用作打底稿，除此之外，还用来绘制概念草图，表达设计师瞬间的灵感和构思（图6-1）。

2. 绘图笔

　　绘图笔亦称绘图针管笔，笔尖为管式，绘出的线条粗细均匀，图面有种机械制图感，常用以绘制景观施工图，针管笔根据笔型的不同可绘制不同宽度的线条，笔型有0.05~1.2mm的各种规格（图6-2）。

3. 马克笔

　　马克笔分为油性和水性两种，使用方便，画出的线条均匀、流畅，特别适合方案阶段的快速构思图。马克笔的色彩不宜过多覆盖和调和，看准什么颜色就使用什么颜色，故选购笔时颜色要尽量多，尤其是复合色和灰色（图6-3）。

图6-1　铅笔

图6-2　绘图笔

图6-3　马克笔

4. 水溶性彩色铅笔

水溶性彩色铅笔可以迅速绘出绚丽多彩的表现图，笔触见水后，能达到水彩的效果（图6-4）。

5. 水粉颜料

水粉颜料覆盖性较强，是一种不透明的水溶性颜料，易于绘出材料质感和光影质感（图6-5）。

6. 水彩颜料

水彩颜料绘出的图案色彩清晰，有种自然感和半透明效果（图6-6）。

7. 圆规

圆规是画圆的重要工具，尤其在大圆的绘制中非常有用，如设计中圆形的建筑、广场、草坪、水池等的平面投影图都需要绘制圆形（图6-7）。

8. 画圆模板

画圆模板是绘制树木，圆形立柱等的平面投影图的重要工具（图6-8）。

9. 曲线板或蛇尺

曲线板或蛇尺是用来绘制曲率半径不同的曲线工具，在设计图纸中，常用它们来绘制不规则曲线的道路、水池或建筑屋顶等（图6-9、图6-10）。

10. 丁字尺和三角板

丁字尺和三角板是绘制直线的工具，两者配合使用可绘出垂直线（图6-11、图6-12）。

11. 比例尺

比例尺是用来缩小或放大线段长度的尺子，一般为三角棱形，又称三棱尺。在园林景观设计制图中，

图6-4　水溶性彩色铅笔

图6-5　水粉颜料

图6-6　水彩颜料

图6-7　圆规

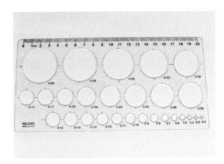

图6-8　画圆模板

图6-9　曲线板

图6-10　蛇尺

图6-11　丁字尺

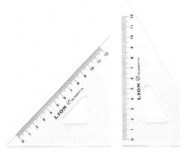

图6-12　三角板

图6-13　比例尺

图6-14　电脑绘图

需将建筑、道路或构建物等按比例尺缩小画到图纸上，比例尺就起到这个作用。尺身上每边分别有1∶100、1∶200、1∶300、1∶500等六种刻度，如1∶100，即1m长的线段在比例尺中仅为10mm（图6-13）。

　　除以上传统绘图工具外，计算机的普及也使之成为重要的绘图工具，现在有相当一部分图纸是由设计师通过计算机来完成的。计算机绘图（图6-14）具有易于修改、保存，并能大量出图等优势，因此广泛应用于设计领域。

二、纸张

　　园林景观手绘所用纸张类型根据其密度、质地、厚度与性能可以分为复印纸、描图纸、绘图纸、素描纸、水彩纸、水粉纸、卡纸、宣纸、色纸等。

1. 复印纸

　　复印纸质地薄，表面较光滑，而且价格便宜，常用的有A3、A4、B5，适合书写字体与钢笔手绘，是勾画设计草图的理想纸张。

2. 描图纸

　　描图纸质地坚硬，半透明，常做工程图纸的打印、拷贝、晒图用，适合与针管笔和马克笔。

3. 绘图纸

　　绘图纸的含胶量大，质地细密，厚实，表面光滑，吸水能力差，适宜马克笔作画，更适宜墨线设计图，着墨后线条光挺，流畅，墨色黑。

4. 素描纸

　　素描纸纸质好，表面粗糙，吸水性较好，适宜铅笔或彩色铅笔作画，不太适宜钢笔与针管笔作画，由于素描纸吸水性好，墨线容易散开，由于纸面粗糙，针管笔用笔不够流畅，墨线不够均匀。

5. 水彩纸

　　水彩纸质地厚实，含胶量大，表面纹理较粗，蓄水力强，颜色不易渗透。适宜于色彩澶染的水彩画法，也适宜于铅笔（彩铅笔）或水粉画法，纸的背面较光滑，也适宜钢笔与马克笔作画。

6. 水粉纸

　　水粉纸纸面粗糙，吸水性强，但不耐擦改，适宜于铅笔和水粉颜料作画，不适宜钢笔，针管笔作画，同素描纸的性能相近。

7. 卡纸、色纸

　　卡纸、色纸种类较多，质地也各有不同，有细密的、耐水性能强的，也有粗糙的、耐水性能差的。这类纸张不适宜与水彩、水粉作画，但适宜于马克笔、钢笔、彩色铅笔作画，由于这类纸张有一定底色，所以作画时根据设计内容的属性选择合适底色的纸张。

8. 宣纸

　　宣纸有两种，生宣与熟宣。生宣吸水性极强，遇水容易散开，吸墨，墨色韵味较足，且富有变化。往往能产生意想不到的效果。熟宣吸水性能弱，遇水不散，适合工笔画渲染。这两种纸都属于中国画的专用纸，质地柔软，不宜擦改，适合毛笔作画。

第二节 设计表现图

园林景观设计和其他艺术设计专业一样，都是用设计图纸来表达设计意图的。因此，园林景观绘图是园林景观设计师表达设计构思的工具，是设计师之间相互沟通设计思想的手段，也是业主了解作品完成最后效果的最直观方法。

园林景观设计的专业绘图涉及建筑、园林、城市规划三个专业的制图规范，这是由园林景观设计专业自身的特点决定的。因此，除了掌握正投影制图的基本概念及绘制方法外，还要掌握城市规划、园林、建筑制图的相关规范及绘制方法，以便能准确、专业地绘制设计表现图。在设计过程中，为了准确、形象地表达各项设计内容，需要绘制多种具有艺术表现力的图纸，如用平面图、立面图、剖面图和透视图等进行图示说明。

一、平面图

园林景观平面图是指景观设计范围内按水平方向进行正投影产生的视图，它与航空照片很相似。平面图主要表达景观的占地大小、建筑物的位置、建筑物的大小及屋顶的形式、道路的宽窄及分布、活动场地的位置及形状、绿化的布置及品种、水体的位置及类型、景观小品的位置、地面的铺装材料、地形的起伏及不同的标高等。

1. 平面图分类

园林景观平面图大致可分为以下几类。

（1）资料图 为设计提供的一些基本资料及有关设计基地情况的图纸，如区域图、关系位置图、基地范围图、地形图、栽植现状图。

（2）设计图 包括设计草图、正图等，常以总平面图（图6-15）、局部平面图（图6-16）的形式出现，是景观平面图中最常见的形式，也是分析图的表现基础。

（3）分析图 例如道路交通分析图、功能分析图、坡度分析图、绿地分析图等（图6-17～图6-20）。

（4）施工图。如土木、水电、建筑施工图、景观栽植施工图等。

2. 平面图绘制

现以园林景观设计图为例，来了解它的绘制方法。

（1）先画出园林景观地形的现状，包括周围环境的建筑图、构建物、原有道路、其他自然物以及地形等高线等。

（2）按照构思方案，把园林景观中设计内容的轮廓线分别画出，可依据"三定"原则：

1）定点。即根据原有建筑物或道路的某点来确定新建内容中某点的左右位置和相距尺寸。

图6-15 总平面图

图6-16 局部平面图

2）定向。即根据原有建筑物的朝向来确定新设计内容的朝向方位。

3）定高。即根据已有地形标高来确定新设计内容的标高位置。

（3）详细画出园林景观中各设计内容的外形线和材料图例，如建筑物的详细轮廓线、道路的边缘线、中心线以及地面材料、场地的划分和材料、植物的表现（树、树丛、绿篱、草地等）、水体、地形的等高线等。

（4）加深、加粗各园林景观设计内容的轮廓线。这是为了使图面的内容主次分明，让人一目了然，从而加强画面的整体效果。在园林景观平面图中，各设计内容的轮廓线是最粗的，如建筑物的表现主要是它的外轮廓线，因此，线条应挺拔而清晰，不宜过细，一般用0.6～1.2mm的针管笔勾画；道路的边缘线应用较粗的实线表示，道路的中心线宜用细点画线表示。

（5）着色和绘制阴影。着色能使图案的表达更生动、直观（图6-21）。阴

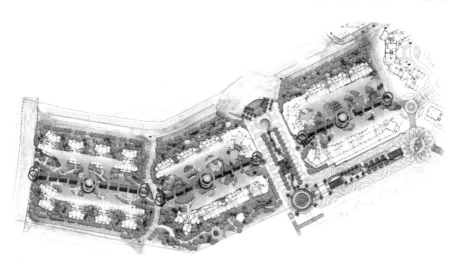

图6-17　交通分析图

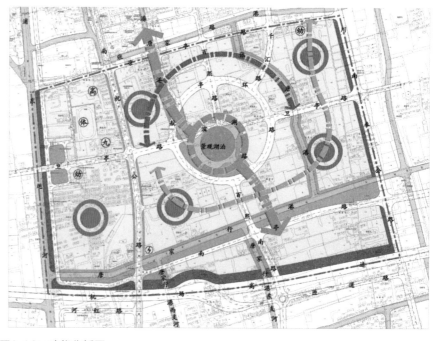

图6-18　功能分析图

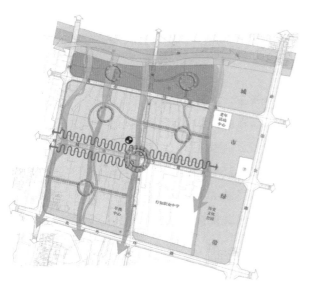

图6-19　坡度分析图

活动广场
滨水健康沙滩
儿童活动场

晨练场
健康步道
滨水休憩廊

活动广场
室外健身场
儿童活动场
羽毛球场

慢跑道
晨练场
露天表演场
儿童戏水池
溜冰场（兼）
网球场

活动广场
儿童活动场
健康步道

图6-20　绿地分析图

影可以显示出相关景物之间的高度关系从而在平面图中产生深度感，主要包括建筑物阴影、树木阴影等。绘制阴影时，应先确定日照方向，其次确定适当的阴影比例关系。一旦一个景物的阴影长度确定了，画面其他景物的阴影必须依其高度的不同，按照一定的比例绘制长度不同的阴影。

（6）园林景观平面图中，应标明指北针，必要时还需附上风向频率玫瑰图。

（7）园林景观平面图通常用文字和图例来说明设计内容。文字多对景观的特色景点做介绍，如"亲水平台"、"溪流跌水"、"青石板小径"等；图例是根据物体的平面投影或垂直投影所绘出并加以美化的图案，它犹如象形文字，被视为设计者的语汇，图例常

安排于图面一角，并附以文字解释。景观图例大致包括建筑物、植物（乔木、灌木、草木植物、植被）、铺地、水体、交通工具、公共小品类等（图6-22）。

图6-21　着色和绘制阴影

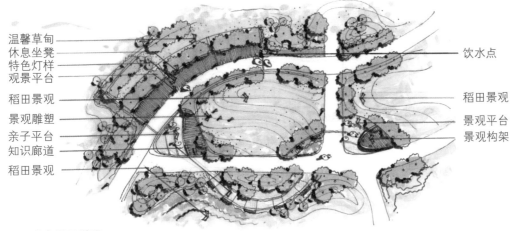

温馨草甸
休息坐凳
特色灯样
观景平台

稻田景观

景观雕塑
亲子平台
知识廊道

稻田景观

饮水点

稻田景观

景观平台
景观构架

图6-22　文字图示说明

二、立面图与剖面图

1. 立面图

景观立面图是指按比例绘出景观物体的侧视图，表达的是景观垂直方向的形态，也显示建筑外部与风景的关系。同建筑立面图一样，景观立面图可以根据实际需要选择多个方向的立面，不同的是景观立面图因地形的变化而常常导致其他地平面不是水平的（图6-23、图6-24）。景观立面图主要表达景观水平方向的宽度、地形的起伏高差变化、景观中建筑物或构筑物的宽度、植物的形状和大小、公共小品的高低等。

景观立面图较之平面图表现的内容较少，因而简单得多，它的绘制方法有如下步骤：

1）根据景观平面图选择最能反映特征的相应方位的立面图，先画出地平线，包括地形高差的变化。

2）确定建筑物或构筑物的位置，画出其轮廓线，以及植物等的轮廓线。

3）依据图线粗细等级完善各部分内容。其中地面剖断线最粗，建筑物或构建物等轮廓线次之，其余最细。

4）立面图可根据需要来着色，以加强图面的说服力。

2. 剖面图

景观剖面图也是用来表示地形、建筑、植物的垂直方向形态的视图，与立面图不同的是，它是用一个假象的铅垂面剖切景观后，对后面剩余的部分进行正投影的视图。剖面图主要表现地形的起伏、标高的变化、水体的宽度和深度及其围合构件的形状、建筑物或构筑物的室内高度、屋顶的形状、台阶或花池

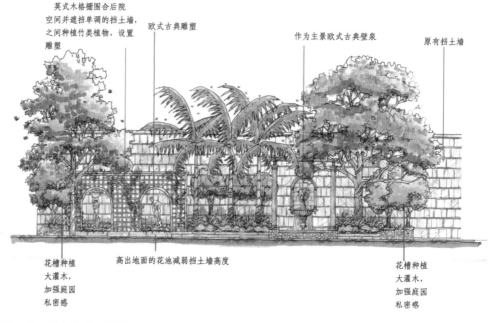

图6-23　树木种植立面图

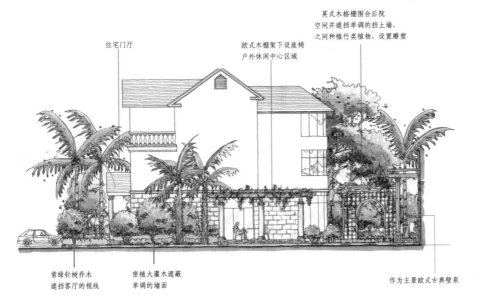

住宅门厅

欧式木棚架下设座椅
户外休闲中心区域

英式木格栅围合后院
空间并遮挡单调的挡土墙，
之间种植竹类植物，设置雕型

常绿针树乔木
遮挡客厅的视线

密植大灌木遮蔽
单调的墙面

作为主景欧式古典壁泉

图6-24 景观建筑立面图

的高度变化等。简言之，剖面图是表明景观设计怎样与地平面联系起来的（图6-25）。

在绘制剖面图时首先要了解地形，利用地形图上的等高线定出剖面的大体形态，其次要了解建筑物或构筑物的内部结构，这对正确绘制剖面图非常重要。剖面图的绘制方法如下：

（1）先画出地形剖面和剖切到的建筑物。

（2）画出未剖切到的建筑物或构筑物的投影轮廓线和剖切到水体时的水位线。

（3）将设计的植物、水景、小品、人物等逐个表现出来。需注意的是，要用同一比例绘制所有垂直物体，不论它距此剖切面多远。

（4）依据图线粗细等级完善各部分内容。其中地形剖切线最粗，常以马克笔和针管笔相结合表现；其次是被剖切到的建筑物剖面线，其他景物轮廓更细。

（5）剖面图可以跟立面图一样着色，丰富图面内容。

三、透视图

透视图也称透视效果图，是一种将真实的三维空间形体转换为具有立体感的二维空间画面的绘图技法。它能将设计师的方案真实地再现，能直观、逼真

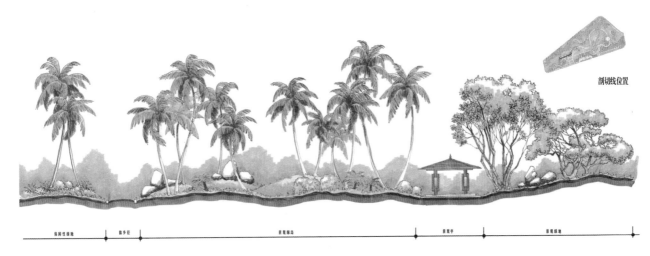

剖切线位置

图6-25 景观剖面图

地反映设计意图，表现预想中的空间、光源、造型、色彩、质感等一系列构思，而这些在抽象的平面图、立面图中是很难表现出来的，因此，透视图是园林景观设计中最常用的表现方法。透视图不需要过多文字注释或图例说明。在景观设计表现中，常见的透视效果图有鸟瞰图和场景效果图两种。

1. 鸟瞰图

鸟瞰图也称俯视图，它的观看角度是从上往下，而并非我们常用的正常视角。因此，鸟瞰图便于表现景观环境的整体关系，善于营造一种宏伟、大气的效果，适合表现一些较大的空间环境群体或城市规划景观效果，如城市公园规划设计、城市广场景观设计、居住区景观设计等（图6-26、图6-27）。

鸟瞰图可以是一点透视，也可以是两点透视，但无论采用哪种透视，都需要将视点提高。视高的选定极为重要，视点太低则会导致透视变形系数过大。绘制鸟瞰图时还应注意树木、建筑、场景在高度上的对比关系以及色彩对视觉中心区域的烘托关系。

2. 场景效果图

鸟瞰图可以全面地反映整个基地情况，但对于局部的透视效果，特别是详细反映景物立面外观则无能为力，因此常常配合若干场景效果图，才能更加全面地说明设计意图。场景效果图是指对局部景观区域进行透视绘图，因多采用人的正常水平视线，故看起来更加真实、生动（图6-28、图6-29）。

场景效果图采用一点透视或两点透视绘制，这两

图6-26 城市广场鸟瞰图

图6-27 公园鸟瞰图

图6-28 庭院景观场景效果图

图6-29　度假村场景效果图

种透视各有特点。

（1）一点透视　也称平行透视，它的表现范围广，纵深感强，适合表现庄重、严谨的景观空间，特别是规则式园林景观或主轴分明的广场空间，画法较简单。缺点是因过于严谨，容易产生呆板的感觉，画面不生动。

（2）两点透视　也称成角透视，表现范围也较广，画面效果自由、活泼，反映的空间比较接近于真实感觉，适合表现自然、活泼的园林景观。缺点是画法比一点透视复杂，若角度选择不好，容易产生局部变形。

- 补充要点 -

设计方案册的制作

一般方案册是体现一个设计公司的形象与品味，因此方案册的平面设计都有本公司的固定模式，特别是制图的图纸有各家的标准规格和公司名，设计方案代表了公司的设计，具有一定的责任性。

方案册的尺寸一般是A3尺寸（297mm×420mm）。图纸的编排顺序是：目录、设计说明、总规划图、材料一览表（植物景观材料）、设计分析（道路分析、景观视角分析、功能区域分析图）、节点效果图、公共设施分布图、施工图等。总之，原则上是相关图放在一起，总图在前，局部在后，平面图在前，剖立面图在后，施工图在全部方案的最后。

第三节 表现技法

一、钢笔表现

钢笔表现是以钢笔和墨水作为工具的表现方式，它以同一粗细（或略有粗细变化）、同样深浅的钢笔线条加以叠加组合，来表现景观环境的形体轮廓、空间层次、光影变化和材料质感，而且绘制方便、快捷（图6-30）。

钢笔有很多类型，如蘸水钢笔、普通钢笔、笔尖弯头钢笔、针管笔、绘图笔等，每类笔都有自己的表现特色。

钢笔表现图更多的是徒手画。钢笔线条有着丰富的表现力，线条的合理排列与组织会使画面有层次感、空间感、质感、量感，以及形式上的节奏感、韵律感。

二、彩色铅笔表现

彩色铅笔一般多采用彩色铅笔多指水溶性彩铅，这种工具绘图方便、表现范围广。彩铅表现的关键是根据对象形状、质地等特征有规律地组织、排列铅笔线条。在作图过程中，从明到暗逐步加强，但步骤也不宜过多，两三遍即可。所以在画图时，必须做到胸有成竹、意在笔先（图6-31）。

图6-30 钢笔表现

图6-31　彩色铅笔表现

铅笔线条分徒手线和工具线两类。徒手线生动，用力微妙，可表现复杂、柔软的物体；工具线规则、单纯，宜表现大的块面和平整光滑的物体。水溶性彩铅可发挥水溶的特点，用水涂色取得浸润感，也可用手指或纸擦笔抹出柔和的效果。

三、马克笔表现

马克笔具有色彩丰富、着色简单、风格豪放和成图迅速的特点。马克笔分为油性和水性两种，笔头分扁头和圆头两种。

用马克笔绘制表现图时，先要用绘图笔或针管笔勾出透视稿，尽可能徒手画，然后再用马克笔上色，用笔要肯定、洗练。马克笔的运笔排线和铅笔画一样也分徒手和工具两类，应根据不同场景和物体形态、

质地以及表现风格选用。

马克笔上色后不易修改，一般应先浅后深，色浅则透明度较高。色彩覆盖时可使用相同或相近的颜色，若用差距太大的颜色覆盖，则会使色彩变浊。马克笔作为快速表现的工具，无须用色将画面铺满，有重点地进行局部上色，会使画面显得更加轻快、生动（图6-32）。

四、水彩表现

水彩表现是一种传统的技法，也是一种使用较为普遍的教学训练手段。水彩表现要求底稿图形准确、清晰，因此常结合钢笔技法使用，称为钢笔淡彩，这样能发挥各自优点，达到简洁、明快、生动的艺术效果。

水彩画上色程序一般是由浅到深、由近到远，高光或亮部都要预先留出，大面积涂色时，颜料调配宜多不宜少。水彩表现常用退晕、叠加和平涂三种技法（图6-33）。

五、水粉表现

水粉表现具有色彩明快、艳丽、饱和、浑厚、表现充分等优点。水粉表现技法大致分厚、薄两种画法，实际中两种技法也常综合使用，具体讲：大面积宜薄，局部可厚；远景宜薄，前景可厚；暗部宜薄，

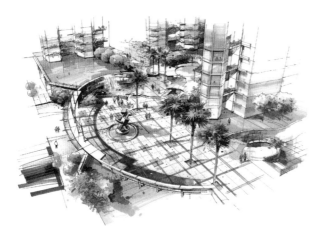

图6-32　马克笔表现

图6-33　水彩表现

图6-34 水粉表现

图6-35 计算机表现

局部亮度、艳度高的地方可厚；从上色次序看，宜先画薄再加厚（图6-34）。

六、计算机表现

　　计算机表现追求的是一种写实手法，它能给观赏者提供一个直观、详细、真实、全面的视觉图像。设计意图通过写实效果的表达，更能被非专业人士所理解，因此，用计算机绘制的表现图往往容易被大众所接受，商业效果更好（图6-35）。

　　计算机表现图中对透视和光影的计算是非常精确的，而对操作者来说，只是命令的设置。但在手绘表现时，透视和光影的表现是设计师最费力的事情。因此，运用电脑，设计师能够从烦琐的绘图工作中解放出来，从而把更多的精力放在构图创意上。计算机表现的优点是能客观地反映景观的造型、色彩、质感、比例和光影等。逼真、详细的展现景观建成后的实际效果。缺点是画面通常会略显生硬、烦琐，缺乏生动、灵气的艺术表现力。

　　绘制景观表现图用到的设计软件有AutoCAD、3ds max、Photoshop等。平面图、立面图和剖面图的绘制过程是，在AutoCAD中完成线条图，然后通过虚拟打印导入Photoshop进行着色。透视效果图的绘制方法是，在AutoCAD中完成景观平面图（线条图）的绘制，然后导入3ds max中生成模型，加上摄影机、灯光、材质，渲染输出，最后在Photoshop对渲染好的图片进行后期处理。

— 补充要点 —

园林景观设计常用软件

1. AutoCAD。是一款计算机辅助设计软件，也是景观设计师最重要的一个工具，是从事这个行业的必备软件。它能画2D的平面，也能做3D模型。

2. Sketch Up。在园林景观的效果表现过程中，Sketch Up受到越来越多设计师的青睐。它操作灵巧简单，在构建地形高差等方面可以生成直观的效果，运用Sketch Up的建模、材质、组件等命令，可以快速有效地实现方案的直观化显示，在设计过程中也起到了非常重要的作用。另外Sketch Up有大量的插件，可以弥补它自身的一些不足。

3. Photoshop。在景观设计方面可以用Photoshop对图片进行一些后期加工处理。

4. Lumion。是一个实时的3D可视化工具，用来制作电影和静帧作品，涉及的领域包括建筑、景观和设计。同时它也可以传递现场演示。

5. Vray。和lumion一样也是渲染软件，它是以渲染插件的形式集成到各个软件中的，因此有很多版本，如vray for SU，vray for 3Dmax等，可以集成很多建模软件，达到逼真的效果。

6. Illustrator。是专业矢量绘图工具，是出版、多媒体和在线图像的工业标准矢量插画软件。它和PS的区别就在于PS并不是一个矢量画图软件。用AI来画分析图是一个比较好的选择，因为分析图里面有很多的线型，而AI本身就是以线为基本画图单位的。

7. Piranesi。是一种三维立体专业彩绘软件。表面上看起来像是一款普通的图形处理软件，实际上它将二维的图像当作是三维的立体空间来绘制。Piranesi拥有正确的透视关系和光影效果，是一种三维空间图形处理软件。它所处理的图形近大远小，会有逐渐消失的视觉效果。可以快速地为所选的对象绘制材质、灯光和配景。同样可以和SketchUp配合作图。

课后练习

1. 园林景观设计常用表现工具有哪些？

2. 园林景观设计表现图有哪些？

3. 园林景观设计的表现手法有哪些？

4. 结合书中所学内容，分析设计案例，画出相关设计表现图。

参考文献
REFERENCES

1. 俞孔坚，李迪华. 景观设计. 北京：中国建筑工业出版社，2004.

2. 陈六汀. 梁梅. 景观艺术设计. 北京：中国纺织出版社，2004.

3. 冯炜，李开然. 现代景观设计教程. 北京：中国美术学院出版社，2002.

4. 吴建刚，刘昆. 环境艺术设计. 石家庄：河北美术出版社，2002.

5. 刘福智. 景观规划与设计. 北京：机械工业出版社，2005.

6. 张纵，杨敢新. 园林与庭院设计. 北京：机械工业出版社，2004.

7. 卢圣，侯芳梅. 植物造景. 北京：气象出版社，2004.

8. 杜汝俭，刘管平. 园林建筑设计. 北京：中国建筑工业出版社，2001.

9. 钟训正. 建筑画环境表现与技法. 北京：中国建筑工业出版社，2005.

10. 顾晓玲. 景观艺术设计. 南京：东南大学出版社，2004.